虚拟现实技术专业新形态教材

虚拟现实导论

罗国亮 编著

清华大学出版社

北京

内 容 简 介

近年来,虚拟现实技术飞速发展,虚拟现实技术产业化走向新的阶段,越来越多消费级虚拟现实产品逐渐进入大众消费市场,也使得越来越多的普通大众都能接触到虚拟现实。2021 年,元宇宙成为热点概念,而虚拟现实则与之息息相关,被不少人认为是元宇宙的"入场券",可见虚拟现实技术发展前景不容忽视。本书与时俱进,介绍了虚拟现实较为前沿的知识,全面系统地讲解了虚拟现实的基本概念和相关技术,并在第 7 章给出了虚拟现实技术的项目开发建议。全书共分为 7 章,内容包括虚拟现实技术概论、增强现实技术概述、虚拟现实理论基础、虚拟现实开发技术基础、VR 全景技术、虚拟现实技术的应用领域、虚拟现实的社会意义及项目开发建议。

本书可作为高等院校虚拟现实专业和其他培训学校的教材,也可作为虚拟现实爱好者、虚拟现实开发者的参考书籍。

图书在版编目(CIP)数据

虚拟现实导论 / 罗国亮编著 . — 北京: 清华大学出版社,2022.7(2024.8重印)
虚拟现实技术专业新形态教材
ISBN 978-7-302-60991-9

Ⅰ.①虚… Ⅱ.①罗… Ⅲ.①虚拟现实-高等学校-教材 Ⅳ.① TP391.98

中国版本图书馆 CIP 数据核字(2022)第 095231 号

责任编辑: 郭丽娜
封面设计: 常雪影
责任校对: 刘 静
责任印制: 杨 艳

出版发行: 清华大学出版社
  网   址: https://www.tup.com.cn, https://www.wqxuetang.com
  地   址: 北京清华大学学研大厦A座   邮   编: 100084
  社 总 机: 010-83470000   邮   购: 010-62786544
  投稿与读者服务: 010-62776969, c-service@tup.tsinghua.edu.cn
  质量反馈: 010-62772015, zhiliang@tup.tsinghua.edu.cn
印 装 者: 三河市天利华印刷装订有限公司
经   销: 全国新华书店
开   本: 185mm×260mm   印   张: 12.5   字   数: 294千字
版   次: 2022年8月第1版   印   次: 2024年8月第4次印刷
定   价: 65.00元

产品编号: 096354-01

近年来信息技术快速发展，云计算、物联网、3D 打印、大数据、虚拟现实、人工智能、区块链、5G 通信、元宇宙等新技术层出不穷。国务院副总理刘鹤在南昌出席 2019 年"世界虚拟现实产业大会"时指出"当前，以数字技术和生命科学为代表的新一轮科技革命和产业变革日新月异，VR 是其中最为活跃的前沿领域之一，呈现出技术发展协同性强、产品应用范围广、产业发展潜力大的鲜明特点。"新的信息技术正处于快速发展时期，虽然总体表现还不够成熟，但同时也提供了很多可能性。最近的数字孪生、元宇宙也是这样，总能给我们惊喜，并提供新的发展机遇。

在日新月异的产业发展中，虚拟现实是较为活跃的新技术产业之一。其一，虚拟现实产品应用范围广泛，在科学研究、文化教育以及日常生活中都有很好的应用，有广阔的发展前景；其二，虚拟现实的产业链较长，涉及的行业广泛，可以带动国民经济的许多领域协作开发，驱动多个行业的发展；其三，虚拟现实开发技术复杂，涉及"声光电磁波、数理化机（械）生（命）"多学科，需要多学科共同努力、相互支持，形成综合成果。所以，虚拟现实人才培养就成为有难度、有高度，既迫在眉睫，又错综复杂的任务。

虚拟现实一词诞生已近 50 年，在其发展过程中，技术的日积月累，尤其是近年在多模态交互、三维呈现等关键技术的突破，推动了 2016 年"虚拟现实元年"的到来，使虚拟现实被人们所认识，行业发展呈现出前所未有的新气象。在行业的井喷式发展后，新技术跟不上，人才队伍欠缺，使虚拟现实又漠然回落。

产业要发展，技术是关键。虚拟现实的发展高潮，是建立在多年的研究基础上和技术成果的长期积累上的，是厚积薄发而致。虚拟现实的人才培养是行业兴旺发达的关键。行业发展离不开技术革新，技术革新来自人才，人才需要培养，人才的水平决定了技术的水平，技术的水平决定了产业的高度。未来虚拟现实发展取决于今天我们人才的培养。只有我们培养出千千万万深耕理论、掌握技术、擅长设计、拥有情怀的虚拟现实人才，我们领跑世界虚拟现实产业的中国梦才可能变为现实！

产业要发展，人才是基础。我们必须协调各方力量，尽快组织建设虚拟现实的专业人才培养体系。今天我们对专业人才培养的认识高度决定了我国未来虚拟现实产业的发展高度，对虚拟现实新技术的人才培养支持的力度也将决定未来我国虚拟现实产业在该领域的影响力。要打造中国的虚拟现实产业，必须要有研究开发虚拟现实技术的关键人才和关键企业。这样的人才要基础好、技术全面，可独当一面，且有全局眼光。目前我国迫切需要建立虚拟现实人才培养的专业体系。这个体系需要有科学的学科布局、完整的知识构成、成熟的研究方法和有效的实验手段，还要符合国家教育方针，在德、智、体、美、劳方面实现完整的培养目标。在这个人才培养体系里，教材建设是基石，专业教材建设尤为重要。虚拟现实的专业教材，是理论与实际相结合的，需要学校和企业联合建设；是科学和艺术融汇的，需要多学科协同合作。

本系列教材以信息技术新工科产学研联盟 2021 年发布的《虚拟现实技术专业建设方案（建议稿）》为基础，围绕高校开设的"虚拟现实技术专业"的人才培养方案和专业设置进行展开，内容覆盖专业基础课、专业核心课及部分专业方向课的知识点和技能点，支撑了虚拟现实专业完整的知识体系，为专业建设服务。本系列教材的编写方式与实际教学相结合，项目式、案例式各具特色，配套丰富的图片、动画、视频、多媒体教学课件、源代码等数字化资源，方式多样，图文并茂。其中的案例大部分由企业工程师与高校教师联合设计，体现了职业性和专业性并重。本系列教材依托于信息技术新工科产学研联盟虚拟现实教育工作委员会诸多专家，由全国多所普通高等教育本科院校和职业高等院校的教育工作者、虚拟现实知名企业的工程师联合编写，感谢同行们的辛勤努力！

虚拟现实技术是一项快速发展、不断迭代的新技术。基于虚拟现实技术，可能还会有更多新技术问世和新行业形成。教材的编写不可能一蹴而就，还需要编者在研发中不断改进，在教学中持续完善。如果我们想要虚拟现实更精彩，就要注重虚拟现实人才培养，这样技术突破才有可能。我们要不忘初心，砥砺前行。初心，就是志存高远，持之以恒，需要我们积跬步，行千里。所以，我们意欲在明天的虚拟现实领域领风骚，必须做好今天的虚拟现实人才培养。

周明全

2022 年 5 月

　　虚拟现实是以计算机技术为主、多学科交叉形成的热点领域，它综合集成了计算机图形学、人机交互技术、多媒体技术、传感技术和网络技术等多种技术。虚拟现实旨在通过模拟一个具有视觉、触觉和嗅觉的逼真虚拟环境，从而给人以环境沉浸感。钱学森先生在20世纪90年代初将Virtual Reality一词翻译为"灵境"，并对"灵境"技术非常重视，曾在给学生们的书信中预言"灵境技术是继计算机技术革命之后的又一项技术革命，它将引发一系列震撼全世界的变革，一定是人类历史中的大事。"近年来，随着计算机软硬件技术的不断快速发展，虚拟现实的概念被越来越多的人所熟知。虚拟现实技术是一种可以创建和体验虚拟世界的计算机仿真技术，可以融合多源信息对三维动态视景和实体行为进行交互式的系统仿真。随着计算机算力不断地提高、计算机图形学不断地发展、人机交互等技术不断地迭代更新，加上人工智能、云计算、边缘计算、5G等技术的交叉融合，现阶段的虚拟现实技术正处于一个高速发展的时期。

　　虚拟现实的起源可以追溯到18世纪，艺术家们一直对创造想象世界、在虚构空间中设置叙事和欺骗感官的技术感兴趣。自古以来，人们就为住宅和公共空间建造了由绘画或景观创造的虚幻空间。早期的全景画通过模糊二维图像与观众所处三维空间之间的视觉界限，营造出沉浸在所描绘事件或场景中的错觉；全景电影中也利用深度和空间错觉营造沉浸感，这些早期创作可以视为虚拟现实第一阶段的初步探索。第二阶段的虚拟现实研究主要将交互技术与设备相结合，在开发虚拟现实模拟环境方面，1956年，好莱坞的电影从业者Morton Heilig发明了Sensorama系统，通过展示五部短片，模拟了一个真实的城市环境，利用多感官刺激让用户在设计的"世界"中看到道路、听到发动机、感受振动并闻到发动机的废气。20世纪70年代和80年代是虚拟现实领域令人兴奋的时期，80年代中期VPL Research的创始人Jaron Lanier开发了护目镜和手套等虚拟现实设备。NASA艾姆斯研究中心开发的虚拟界面环境工作站（VIEW）系统将头戴式设备与手套相结合，以实现触觉交互。光学技术和触觉设备的同步发展让用户在虚拟空间中移动和交互成为可能，此后虚拟现实概念逐渐清晰化，并得到各界认可。

　　进入21世纪，数字化时代的到来加速了虚拟现实技术迅猛发展。在全球信息化大潮的推动下，虚拟现实作为新兴技术逐渐受到人们的重视。如今，虚拟现实技术已渗透进了军事、工程、医学、教育等各个方面，并且在这些领域中发挥越来越重要的作用。随着时代的发展和科技的进步，虚拟现实技术逐渐成熟，市场规模进一步扩大，发展速度越来越快。这将更加利于文化的传播，推动相关技术的发展，促进服务升级，改善人们的生活质量。

　　近期全球消费级虚拟现实产品开始大量面市，虚拟现实技术、产业和生态加速发展完善，虚拟现实产业竞争也将日趋激烈，先进国家的电子信息巨头可能占据先发优势，后进入者的发展空间将日趋狭小。我国也对虚拟现实技术给予了极大的重视。2016年国家发展和改革委员会发布的"十三五"规划中明确提出要落实虚拟现实等新技术的研发和前沿布局。2021年《中华人民共和国国民经济和社会发展第十四个五年规划和2035年远景目标纲要》将虚拟现实列入"建设数字中国"数字经济重点产业。我国政府和各部门在虚拟现实的技术研发、产品消费等方面均出台了相关政策，支持着我国虚拟现实行业的快速发展。2020年工信部发布《关于运用新一代信息技术支撑服务疫情防控和复工复产工作》的通知，2021年在江西南昌召开的世界虚拟现实产业大会云峰会上发布的《虚拟现实产业发展白皮书（2021年）》指出，多项数据预示我国虚拟现实产业开始步入增长轨道。2022年工信部联合五部委联合印发了《虚拟现实与行业应用融合发展行动计划（2022—2026年）》提出，到2026年我国要形成若干具有较强国际竞争力的骨干企业和产业集群，虚拟现实产业总体规模超过3500亿元，形成至少20个特色应用场景等。同年党的二十大报告中强调，要"加快建设制造强国、质量强国、数字中国"，并提出"加快发展数字经济，促进数字经济和实体经济深度融合，打造具有国际竞争力的数字产业集群"的任务。数字化转型是核心驱动力，虚拟现实作为新一代信息技术的集大成者，正是实现各行业数字化转型的关键支撑技术，工业制造、医疗健康、教育培训等领域均可基于虚拟现实技术开展数据可视化改造，虚拟现实技术给各行各业带来了新模式、新业态。

由于我国在虚拟现实领域发展时间较短，在核心技术、内容生产、高端产品、生态构建等方面，与国外相比仍存在一定差距。随着国家不断加强对虚拟现实领域的投入，我国虚拟现实专业人才的需求日益增长，而专业教材的建设对专业教育的发展举足轻重，因此编写一部虚拟现实领域的教材对我国虚拟现实教育事业的发展能起到积极的推动作用。本书对虚拟现实技术的发展历史、基本原理、开发技术基础和相关应用领域进行了全面系统的梳理和总结，此外还介绍了近几年来虚拟现实领域中的一些最新成果，内容丰富翔实。本书对从事虚拟现实相关工作的工程技术人员、科研人员和教学人员，具有重要的参考、借鉴价值，是一部优秀的教学和科研用书。

在本书即将付印之际，谨以此序向多年来为我国计算机事业的发展做出重要贡献的科研人员和技术人员致以崇高的敬意，并对本书的作者表示祝贺和感谢。

我将本书推荐给从事虚拟现实领域科研、教学、生产等相关专业技术人员和广大读者，相信本书能在虚拟现实领域中发挥重要的参考作用。

刘永进
清华大学计算机科学与技术系教授
2023 年 6 月

教育部办公厅《2019 年教育信息化和网络安全工作要点》提出要"推动大数据、虚拟现实、人工智能等新技术在教育教学中的深入应用"。以大数据、虚拟现实、人工智能技术为代表的新一代信息技术在教育领域的广泛应用，引发了教育理念、教学方法、学习方式等各方面的变革。习近平总书记在党的二十大报告中指出"构建新一代信息技术、人工智能、生物技术、新能源、新材料、高端装备、绿色环保等一批新的增长引擎"，虚拟现实（Virtual Reality，VR）技术是新一代信息技术中重要的组成部分。虚拟现实技术 为教育的发展带来了新的机遇，它作为一种综合计算机图形技术、多媒体技术、传感器技术、人机交互技术、网络技术、立体显示技术以及仿真技术等多种科学技术而发展起来的计算机领域的新技术，带给用户有一种"身临其境"的沉浸感。尤其是在教育、培训领域，虚拟现实技术可以使用户在特定的虚拟环境中掌握学习内容，解决传统课堂情境性、交互性、个性化不强等问题。

"虚拟现实导论"课程是计算机技术和数字媒体技术等专业的重要专业课程之一，更是虚拟现实技术专业的核心课程。目前国内外现有的高校教材，有些内容过于老旧，有些内容过于偏重某个领域方向，在基础知识、新技术、新应用及通用性、拓展性等方面都难以适合专业的发展需要，本书正是在这种背景下撰写的。本书力图通过精练的语言阐述虚拟现实技术的基本原理、开发技术基础和相关应用领域，为广大读者提供一个学习的线索和入口。

本书着重介绍了虚拟现实技术相关基础理论知识，此外还介绍了虚拟现实技术的开发流程和应用领域，全书共 7 章。

第 1 章主要阐述了虚拟现实的基本概念、基本特征、发展现状和未来展望以及元宇宙和数字孪生的相关概念。

第 2 章对增强现实技术中的核心技术、应用领域和发展前沿做了较为详细且完整的介绍。

第 3 章介绍了虚拟现实理论相关的技术，主要包括计算机图形学理论和三维建模技术。

第 4 章介绍了虚拟现实开发技术基础和计算机动画基础，以 Unity 3D 和 Unreal Engine 4 引擎为例，从解释引擎的核心概念开始，逐步介绍虚拟现实开发中主要涉及的知识和基础操作。

第 5 章介绍了三维全景技术的概述、图像拼接基础、全景制作技术和全景技术的应用领域等。

第 6 章主要介绍了虚拟现实技术的具体应用领域。

第 7 章主要对虚拟现实技术的哲学内涵和社会影响进行了相应的探讨，同时对如何学习和使用虚拟现实技术提出了一些建议。

本书还为读者提供了配套的教学视频，在相应章节可扫二维码观看。前言中二维码提供了补充的习题集供读者练习。需要指出的是，本书大量出现"虚拟现实"和"VR"、"增强现实"和"AR"等名词，相应的中文与英文缩写的含义完全相同，文中会根据具体的语境和语句的可读性选择使用。

本书由华东交通大学软件学院 /VR 产业学院副院长罗国亮及其团队成员朱合翌、熊彦博、黄晓生、朱志亮、童杨编著，同时江西财经大学的左一帆、江西理工大学的程金霞、广西科技大学的肖龙星、泰豪动漫职业学院的危熹、西安交通大学城市学院的范丽亚，也参与了书稿的准备、讨论工作，并对部分内容的撰写提供了支持。

本书在编写过程中参阅了大量书籍、文献资料和网络资源，在此向所有资源的作者表示感谢。同时，本书的出版得到了清华大学出版社的大力支持，在此也表示由衷的感谢。由于虚拟现实技术还在飞速发展中，新的设备、产品和技术也在不断推出，尽管编著者尽了最大努力，但限于编著者的水平，书中不足之处在所难免，敬请读者批评、指正。

编著者

2023 年 5 月于南昌

习题集

目　录

第 1 章

虚拟现实技术概论

20 世纪 80 年代美国科技公司 VPL Research 的创始人杰伦·拉尼尔（Jaron Lanier）提出了一个全新的概念——虚拟现实（Virtual Reality，VR）。虚拟现实当时在我国被译作灵境技术或人工环境，它是利用计算机模拟产生一个三维空间的虚拟世界，提供用户关于视觉等感官的模拟，让用户感觉仿佛身临其境，可以即时、没有限制地观察三维空间内的事物。而且除了视觉外，虚拟现实也可以通过额外的设备获得听觉和触觉的反馈。虚拟现实实现了用户进行位置移动时，计算机可以立即进行复杂的运算，将精确的三维世界影像传回产生临场感。该技术集成了计算机图形、计算机仿真、人工智能、感应、显示及网络并行处理等技术的最新发展成果，是一种由计算机技术辅助生成的模拟系统。和互联网一样，虚拟现实最早用于美国军方的作战模拟系统，在 20 世纪 90 年代逐渐被各界所关注并得到了进一步的发展。现在，虚拟现实技术已经广泛应用于影视娱乐、教育、医学、军事等领域。随着元宇宙概念的提出，虚拟现实技术再次成为科技主流发展方向。

1.1　虚拟现实技术简介

虚拟现实
技术概述

1.1.1　什么是虚拟现实技术

随着计算机技术的飞速发展，虚拟现实技术在越来越多的领域得到广泛应用。虚拟现实技术以计算机技术为主，并涉及了三维图形动技术、多媒体技术、仿真技术、传感技术、显示技术、伺服技术等多种高科技的最新发展成果，其基本实现方式是计算机等设备模拟一个具有视觉、触觉和嗅觉的逼真虚拟环境，从而给人以环境沉浸感。在这个由计算机创造的虚拟世界中，用户通过头戴显示器观察虚拟世界，并且能与虚拟世界中的物体进行实时交互；通过触觉反馈设备产生与现实世界相同的感觉，让用户和计算机融为一体；通过用户与虚拟环境的相互作用，并利用人类本身对所接触事物的感知和认知能力启发参与者的思维，全方位地获取事物的各种空间信息和逻辑信息。这也是虚拟现实技术优于传统模拟技术的地方。

随着社会生产力和科学技术的不断发展，各行各业对 VR 技术的需求日益旺盛，诸

如虚拟战场、远程手术、潜水训练等。随着计算机软硬件技术和网络技术的进一步发展，VR 技术也取得了巨大进步，并逐步成为一个新的科学技术领域。其应用的范围正从航天、军事、医学、建筑等工程领域渗入媒体传播与娱乐领域，是一项有可能改变人类生存方式的重大技术。

1.1.2 虚拟现实技术的特征

虚拟现实技术作为 20 世纪 90 年代以来兴起的一种新型信息技术，主要具有沉浸性、交互性、构想性和多感知性等优异特征。

1. 沉浸性

沉浸性是虚拟现实技术最主要的特征，就是让使用者成为并感受到自己是计算机系统所创造环境中的一部分。虚拟现实技术的沉浸性取决于使用者的感知系统，当使用者感知到虚拟世界的刺激时，包括触觉、味觉、嗅觉、运动感知等，便会产生思维共鸣，造成心理沉浸，感觉如同进入真实世界。理想的虚拟世界应能达到让使用者难以分辨真假的程度，甚至超越真实，实现比现实更逼真的体验效果。

2. 交互性

交互性是指用户对模拟环境内物体的可操作程度和从环境得到反馈的自然程度，主要借助于 VR 系统中的特殊硬件设备（如数据手套、操作手柄、力反馈装置等），使用者进入虚拟空间，相应的技术让使用者跟环境产生相互作用，当使用者进行某种操作时，周围的环境也会做出某种反应。如使用者接触到虚拟空间中的物体，那么使用者手上应该能够感受到该物体；若使用者对物体有所动作，那么物体的位置和状态也应改变。

3. 构想性

构想性又称创造性或想象性，指虚拟的环境是用户想象出来的，使用者在虚拟空间中可以与周围物体进行互动，同时这种想象体现出设计者相应的思想，可以拓宽认知范围，根据自己的感觉与认知能力吸收知识，创造客观世界不存在的场景或不可能发生的环境。所以说 VR 产品不仅仅是一个媒体或一个高级用户界面，它还是为解决工程、医学、军事等方面的问题而由开发者设计出来的应用软件。

4. 多感知性

多感知性就是使用者置身于虚拟现实的环境中时，不仅能够在视觉中看到三维空间，而且应该拥有很多感知方式，如听觉、触觉、嗅觉等，还可以与虚拟空间进行交互。理想化的虚拟现实技术应该能够满足人们所有的感知功能。但由于受到技术发展的限制，特别是传感技术的限制，VR 技术目前可以提供的感知功能十分有限，大多数虚拟现实技术所具有的感知功能仅限于视觉、听觉、触觉等。

1.1.3 虚拟现实关键技术

为了让使用者在虚拟环境中能与虚拟世界中的物体进行实时交互，并获得足够让使用者分辨不出虚拟与真实环境的沉浸感，虚拟现实系统需要用到如下关键技术。

1. 三维建模技术

虚拟现实技术的关键就是要创建出真实可信的虚拟环境，除了真实感之外，虚拟环境还需要有良好的交互性。这就需要用到三维建模技术，但是不同领域的三维建模技术其重点和方法也不同。目前常用的三维建模技术主要分为：传统人工建模、三维激光扫描建模、数字近景摄影测量建模和倾斜影测量建模四类。①传统人工建模也就是基于图像的三维建模，相对经济、灵活，直到现在依然被广泛使用。该方法制作的模型外观美观，但精度较低，并且生产过程中需要大量的人工参与，制作周期较长。②三维激光扫描建模通过激光扫描物体的点云，能够以毫米级精度来重建三维模型，实现精确建模，最大限度地还原真实场景。但是这种方法生产周期长、效率低，适用于小范围的精细模型构建。③数字近景摄影测量建模是针对 100m 范围内目标所获取的近景图像，通过自动匹配、空三解算、生成点云和纹理映射等一系列操作来构建三维模型，该方法具有模型效果好、精度高等特点，但也存在建筑物死角、顶部无法拍摄的缺点。④倾斜影像测量建模技术适用范围更广、成本低、效率高，并且数据处理对计算机硬件配置要求较低，更适用于大范围的三维模型构建，但该方法也存在建筑物侧面、底部信息采集不全的缺点。无论哪种三维建模技术都是从数据采集开始，到计算机上完成可视交互的三维虚拟模型结束，这也是三维建模的完整过程。

2. 三维显示技术

人类所处的物理世界是三维空间，但传统显示技术只展现水平和垂直维度形成的二维平面，缺少深浅维度信息。三维显示技术是一种新型显示技术，与传统显示技术相比，三维显示技术可以使画面变得立体逼真，图像不再局限于屏幕的平面上，仿佛能够走到屏幕外面，让观众有身临其境的感觉。随着光学、电子、激光等技术发展，三维显示技术逐渐走向市场化。当前三维显示技术主要包括：3D 电影、舞台全息图、全息投影和体积三维显示四类。许多学者认为三维显示技术是进入虚拟世界的窗口，用户可以通过该窗口感知与真实世界相同的 3D 场景。

3. 三维音频技术

为了使用户沉浸在虚拟环境中，除了视觉之外，虚拟现实系统还需要向用户提供真实的听觉体验，用户应该能够在三维空间中任意地方感知声源位置，这就需要用到三维音频技术。三维音频也称虚拟声、空间声等，它能根据人耳对声音信号的感知特点，使用信号处理方法对声源到两耳之间的传递函数进行模拟以重建三维虚拟空间声场，使用三维音频技术能得到逼真的空间声音效果。高质量音频可改善用户虚拟体验，是任何虚拟现实体验的基本要素。但是当虚拟音频嵌入沉浸式虚拟环境中时，在多感知交互条件下静态声音作用可能会失效。国内外一些从事声学、信号处理和计算机技术方面的学者正在进行相关研究，这是未来的研究重点。

4. 体感交互技术

体感交互技术是 21 世纪激动人心的技术成果之一，它使人工智能的视觉感知成为现实，拥有和人类相同的三维立体视觉，区别不同的物体，辨识不同的人体行为动作，就像

人眼一样在千变万化的环境中实时地看到每个人的行为动作以及理解动作含义。体感交互技术增加感官刺激，这可以增强用户的存在感，使人们可以很直接地使用肢体动作与周边的装置或环境互动，无须使用任何复杂的控制设备，便可让人们身临其境地与内容做互动。体感交互技术使用户仅通过动作、声音或表情对虚拟环境进行非接触式交互变成了可能。国外学者普遍认为体感交互技术是虚拟现实的关键组成部分，在虚拟现实培训中发挥重要作用。在 2009 年 6 月的 E3 大展上，微软正式公布了 Xbox 360 的体感周边外设 Kinect。Kinect 不需要使用任何控制器，依靠相机捕捉三维空间中玩家的运动，它具备动作捕捉、手势与面部表情识别等多种功能，彻底颠覆了传统游戏的单一操作，使人机互动的理念更加彻底地展现出来。这也让 Kinect 成为体感交互的代表性设备。

虚拟现实系统的分类

1.2　虚拟现实系统及分类

　　虚拟现实系统是一种兼容了应用软件系统、用户和数据库，并强调输入 / 输出设备构成的计算机系统。在实际应用中，根据虚拟现实技术对沉浸性程度的高低和交互程度的不同，将虚拟现实系统划分为四种类型，包括桌面式虚拟现实系统、沉浸式虚拟现实系统、增强式虚拟现实系统和分布式虚拟现实系统。其中桌面式虚拟现实系统因其技术非常简单，需投入的成本也不高，在实际应用中较广泛。

1.2.1　虚拟现实系统的构成

　　虚拟现实系统应该具备让用户沉浸且可与用户进行交互的功能。一般的虚拟现实系统至少包含一个屏幕、一组传感器及一组计算组件，它们被组装在设备中。屏幕用来显示仿真的影像，投射在用户的视网膜上；传感器用来感知用户的旋转角度；计算组件则收集传感器的信息，决定屏幕显示何种画面。

　　典型的虚拟现实系统主要由计算机、应用软件系统、输入 / 输出设备、用户和数据库等组成，如图 1.1 所示。

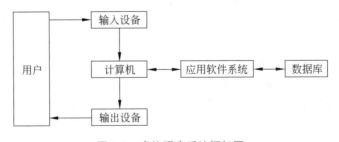

图 1.1　虚拟现实系统框架图

1. 计算机

　　在虚拟现实系统中，计算机负责虚拟世界的生成、渲染和人机交互的实现。由于虚拟世界本身具有高度复杂性，尤其在某些应用中，如航空航天世界的模拟，大型建筑物的立体显示、渲染、复杂场景的建模等，使得生成虚拟世界所需的计算量巨大，因此对 VR 系统中计算机的配置提出了极高的要求。

2. 输入 / 输出设备

在虚拟现实系统中，计算机通过输入 / 输出设备识别用户的各种形式的输出，并生成实时的反馈信息，从而实现人与虚拟世界的自然交互。输入设备帮助用户定位并与 VR 环境交互，包括运动追踪器、操纵杆、触控板、感应手套、设备控制按钮、触觉反馈系统、跑步机及全身套装。这些设备收集有关用户运动和位置的数据——从转头到挥手，再到用户眼睛的最轻微运动。这些设备收集的所有信息都成为计算机系统的输入数据。输出设备向用户呈现虚拟环境并进行反馈。虚拟现实系统的输出设备分为 VR 视觉输出设备、VR 听觉输出设备、VR 前庭系统输出设备和 VR 体感输出设备等。常见输出设备有 VR 眼镜、头显及头戴式显示器等。当前虚拟现实的输入 / 输出设备大多为有线设备，大量的线缆会影响用户的体验和沉浸感，所以未来虚拟现实的输入 / 输出设备须考虑多用户虚拟现实环境和无线连接问题。

近年来，虚拟现实技术进步快，设备成本快速降低，虚拟现实硬件设备市场发展迅速。如图 1.2 所示，HTC Vive 和 Oculus Rift 均为头戴式显示器，配套使用操作手柄。国内外众多 VR 用户基于客观和主观度量准则对 HTC Vive 和 Oculus Rift 进行比较，在测试选择和位置任务中发现 HTC Vive 的性能略好于 Oculus Rift。VR 用户也通常会对 VR 头盔的头部跟踪范围以及在房间大小环境中的工作区域和准确性进行评估，根据不同需要选配头显设备。

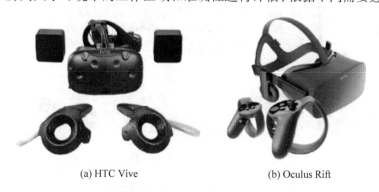

(a) HTC Vive   (b) Oculus Rift

图 1.2 头戴式显示器 HTC Vive 和 Oculus Rift

3. VR 的应用软件系统及数据库

虚拟现实的应用软件系统可完成的功能包括：虚拟世界中物体的几何模型、物理模型和行为模型的建立，三维虚拟立体声的生成，模型管理及实时显示，虚拟世界数据库的建立与管理等几部分。虚拟世界数据库主要用于存放整个虚拟世界中所有物体的各个方面信息。

三维建模软件、虚拟现实开放平台和引擎是最重要的虚拟现实应用软件。三维建模软件的功能是在二维绘图软件基础上进行三维建模，3ds Max、AutoCAD、Softimage 3D 和 Maya 等是常用的三维建模软件。虚拟现实开放平台（VR Open Platform）中有可获取的虚拟现实软件开发工具包（Virtual Reality Software Development Kit，VR SDK）。Valve 和 Oculus 都为开发者提供了不断更新的 SDK，通过 SDK 开发人员能为所有流行的 VR 头显

开发应用。引擎是指一些已编写好的可编辑系统或者一些交互式实时图像应用程序的核心组件，为开发者提供编写虚拟现实应用所需的各种工具，Unity 3D、Unreal Engine 是当前最常用的引擎。本质上引擎就是一种通用开发平台，将各类资源整合起来，提供便捷的 SDK 接口以便开发者在这个基础上开发应用的模块。WebVR 是一种 JavaScript 应用程序编程接口，使应用程序能够在网络浏览器中与虚拟现实设备进行交互。虚拟现实系统还包括虚拟声音编辑器、虚拟现实培训模拟器和虚拟现实内容管理等软件，为用户提供更完整的虚拟现实体验。

1.2.2 桌面式虚拟现实系统

桌面式虚拟现实系统是一套基于普通 PC 的小型桌面虚拟现实系统。利用中低端图形工作站及立体显示器产生虚拟场景，参与者使用位置跟踪器、数据手套、力反馈器、三维鼠标或其他手控输入设备，实现虚拟现实效果的重要技术特征。

桌面式虚拟现实系统一般要求参与者使用空间位置跟踪定位设备和其他输入设备，使用户实现虽然坐在显示器前，却可以通过计算机屏幕观察 360° 范围内的虚拟世界，如图 1.3 所示。

图 1.3　桌面式虚拟现实系统实例

在桌面式虚拟现实系统中，计算机的屏幕是用户观察虚拟世界的一个窗口，参与者可以在仿真过程中设计各种环境，使用的硬件设备主要是立体眼镜和一些交互设备。立体眼镜所带来的立体视觉能使参与者产生一定程度的投入感。交互设备用来与虚拟环境交互。有时为了增强桌面虚拟现实系统的沉浸感，桌面式虚拟现实系统中还会借助于专业单通道立体投影显示系统，达到增大屏幕范围和团体观看的目的。桌面式虚拟现实系统虽然缺乏完全沉浸式效果，但是其应用仍然比较普遍，因为它的成本相对要低得多，而且它也具备了虚拟现实系统的基本技术特征。

桌面式虚拟现实系统具有以下特点。

- 对硬件要求极低。有时只需要计算机或数据手套、空间位置跟踪定位设备等。
- 应用比较普遍。它的成本相对较低，而且满足沉浸式 VR 系统的一些技术要求。
- 缺少完全沉浸感，参与者不完全沉浸。即使戴上立体眼镜，仍然会受到周围现实世界的干扰。

- 作为开发者和应用者来说，从成本角度考虑，采用桌面式虚拟现实系统往往被认为是从事 VR 研究工作的必经阶段。

桌面式虚拟现实系统的最大优势就是，它相对其他虚拟现实系统具有低廉的成本。沉浸式和增强式虚拟现实系统需要有头盔、数据手套等价格高昂的设备，桌面式虚拟现实系统只需要一台个人计算机、显示器和鼠标就能获得一定的沉浸式体验，因此桌面式虚拟现实系统被广泛应用于教育领域。桌面式虚拟现实课件能使学习者产生一定程度的投入感，结合鼠标、键盘等外设还可以实现驾驭虚拟境界的体验，能够冲破时空的限制，弥补学生直接经验的不足，同时为进一步抽象化发展奠定基础。运用虚拟现实技术制作的教学课件还可以模拟适合教学的特定环境，并允许学生与计算生成的各种仿真物体交互，可将抽象的概念、原理直观化和立体化，方便学生理解抽象知识，因此受到教师和学生们的欢迎。此外，桌面式虚拟现实课件的接触性、受控性、人机交互等都有着很多传统媒体无法企及的优势。利用桌面式虚拟现实系统进行教学有其优越的功能特点，在教育领域内有着巨大的应用前景。

1.2.3 沉浸式虚拟现实系统

沉浸式虚拟现实系统（Immersive VR System）采用头盔显示，以数据手套和头部跟踪器为交互装置，把参与者或用户的视觉、听觉和其他感觉封闭起来，使参与者暂时与真实环境相隔离，使用户真正成为 VR 系统内部的一个参与者，并能利用这些交互设备操作虚拟环境，产生一种身临其境、全心投入并沉浸其中的感觉。沉浸式虚拟现实系统能让人有身临其境的真实感觉，因此常常用于各种培训演示及高级游戏等领域，如图 1.4 所示。常见的沉浸式虚拟现实系统有基于头盔式显示器的虚拟现实系统、投影式虚拟现实系统和远程系统。其中，基于头盔式显示器的虚拟现实系统采用头盔式显示器；投影式虚拟现实系统通过投影式显示系统实现完全投入，从而把现实世界与之隔离，使参与者从听觉到视觉都能投入虚拟环境中；远程系统是一种远程控制形式，常用于虚拟现实系统与机器人、无人机等技术相结合的系统。

图 1.4　沉浸式虚拟现实系统实例

沉浸式虚拟现实系统使用户完全融入并感知虚拟环境，获得存在感。一般有两种途径实现系统功能：洞穴自动虚拟环境（Cave Automatic Virtual Environments，CAVE）和头戴式显示器，同时配备运动传感器以协助进行自然交互。CAVE 是一个虚拟现实空间，本质上是一个立方体形状的空房间，其中每个表面——墙壁、地板和天花板都可以用作投影屏幕，以创造一个高度身临其境的虚拟环境。头戴式显示器的外形通常是眼罩或头盔的形式，把显示屏贴近用户的眼睛，通过光路调整焦距以在近距离中对眼睛投射画面。头戴式显示器能以比普通显示器小得多的体积产生一个广视角的画面，通常视角都会超过 90°。VR 头显使用头部跟踪的技术，当用户转过头时，VR 头显会改变用户的视野，能为用户提供身临其境的体验。

沉浸式虚拟现实系统的特点如下。

- 具有高度的实时性。
- 高度沉浸感。
- 具有强大的软硬件支持功能。
- 并行处理能力。
- 良好的系统整合性。

在过去的几十年中，沉浸式技术取得了巨大的发展，并且在继续进步。沉浸式虚拟现实系统甚至被描述为 21 世纪的学习辅助工具。头戴式显示器（Head Mounted Displays，HMD）可以让用户获得完全身临其境的体验。到 2022 年，头戴式显示器的市场销售额预计将超过 250 亿美元。当 Facebook 在 2014 年以 20 亿美元收购 Oculus 时，沉浸式虚拟现实技术受到了极大的关注。2018 年，Oculus Quest 发布，它是一款无线头戴式显示器，允许用户更自由地移动。它的价格约为 400 美元，与上一代有线头显价格大致相同。索尼、三星、HTC 等其他大公司也在对沉浸式虚拟现实系统进行巨额投资。

1.2.4　增强式虚拟现实系统

增强式虚拟现实系统简称增强现实（Augmented Reality，AR）系统，它是一种将真实世界信息和虚拟世界信息"无缝"集成的新技术，两种信息相互补充、叠加。在视觉化的增强现实中，用户利用头盔显示器，把真实世界与计算机图形多重合成在一起，便可以看到真实的世界围绕着用户。AR 把真实环境和虚拟环境结合起来，在虚拟现实与真实世界之间的沟壑上架起一座桥梁，既可减少构成复杂场景的开销（因为部分虚拟环境由真实环境构成），又可对实际物体进行操作（因为部分物体是真实环境）。

增强现实的工作流程是首先通过摄像头和传感器将真实场景进行数据采集，并传入处理器对其进行分析和重构，再通过 AR 头显或智能移动设备上的摄像头、陀螺仪、传感器等配件实时更新用户在现实环境中的空间位置变化数据，从而得出虚拟场景和真实场景的相对位置，实现坐标系的对齐并进行虚拟场景与现实场景的融合计算，最后将其合成影像呈现给用户。用户可通过 AR 头显或智能移动设备上的交互配件，如话筒、眼动追踪器、红外感应器、摄像头、传感器等设备采集控制信号，并进行相应的人机交互及信息更新，实现增强现实的交互操作，如图 1.5 所示。

图 1.5 增强式虚拟现实系统实例

增强式虚拟现实系统有以下三个主要特点。

- 真实世界和虚拟世界融为一体。
- 具有实时人机交互功能。
- 真实世界和虚拟世界是在三维空间中整合的。

常见的增强式虚拟现实系统有以下四种。

- 基于台式图形显示器的系统。
- 基于单眼显示器的系统（一个眼睛看到的是显示屏上的虚拟世界，另一只眼睛看到的是真实世界）。
- 基于光学透视式头盔显示器的系统。
- 基于视频透视式头盔显示器的系统。

增强式虚拟现实系统的目的是简化用户生活，把虚拟信息带到用户周围的环境中，增强用户对现实世界的感知和交互。常见的实例是医生在进行虚拟手术中，戴上可透视性头盔式显示器，既可看到做手术现场的情况，也可以看到手术中所需的各种资料。AR 技术在教育、娱乐、艺术和科学等领域有巨大应用前景，目前它的全面影响刚开始显现。

1.2.5　分布式虚拟现实系统

分布式虚拟现实系统（Distributed VR System）是 VR 技术与互联网技术发展和结合的产物，是一个在网络的虚拟世界中，位于不同物理位置的多个用户或多个虚拟世界，通过网络连接成共享信息的系统。分布式 VR 设计的想法非常简单：模拟出的虚拟世界不是在一个计算机系统上运行，而是在多个计算机系统上运行。这些计算机通过网络连接，使用这些计算机的人能够实时交互，共享同一个虚拟世界。理论上，人们可以坐在伦敦、巴黎、纽约的家中，在 VR 中以有意义的方式进行互动，共同体验虚拟经历，以达到协同工作的目的，它将虚拟提升到一个更高的境界。

分布式虚拟现实的研究开发工作可追溯到 20 世纪 80 年代初。在分布式虚拟现实系统中需要虚拟环境准确有效地远程呈现动画实体，很明显，要实现这一目标需要很高的网络

带宽，这在当时成为分布式虚拟现实系统发展的瓶颈。进入 21 世纪后，网络带宽的问题得以解决，分布式虚拟现实系统应用研究成为主流。分布式虚拟现实系统可构建 3D 协作环境，供分布式用户相互交互，并完成各种协作任务。现在，分布式虚拟现实系统在远程教育、科学计算可视化、工程技术、建筑、电子商务、交互式娱乐、艺术等领域都有着极其广泛的应用前景。利用它可以创建多媒体通信、设计协作系统、网络游戏、虚拟社区全新的应用系统。

将分布式技术与虚拟现实技术结合，一方面是充分利用分布式计算机系统提供的强大计算能力；另一方面是有些应用本身具有分布特性，如多人通过网络进行游戏和虚拟战争模拟等。

分布式虚拟现实系统的特点如下。

- 各用户具有共享的虚拟工作空间。
- 伪实体的行为真实感。
- 支持实时交互，共享时钟。
- 多个用户可用各自不同的方式相互通信。
- 资源信息共享以及允许用户自然操纵世界中的对象。

目前，分布式虚拟现实系统主要被应用于远程虚拟会议、虚拟医学会诊、多人通过网络进行游戏或虚拟战争模拟（见图 1.6）等领域。

图 1.6　用分布式 VR 系统的虚拟战争模拟

虚拟现实
技术的发
展历程

1.3　虚拟现实技术的发展历程与未来展望

近几年出现的低成本消费级虚拟现实产品更是将虚拟现实技术迅速推向市场，虚拟现实在医疗、制造、军事等各行业获得深度开发与应用。核心技术延展性强，应用领域广泛，使得虚拟现实的技术创新性也使其成为社会关注热点，虚拟现实可能成为下一个技术创新基石。

虚拟现实技术起源于计算机图形学，现已扩展到仿真、传感等多个学科领域。虚拟现实依赖于三维（Three Dimensional，3D）立体头部跟踪显示及身体跟踪感应技术，从而构成一种身临其境的多感官体验。借助专门设计的传感器，用户可以与三维图像进行交互，操纵虚拟对象，使用户感知到与真实世界相当的虚拟环境。基于先前的研究，虚拟现实可定义为特定的技术集合。虚拟现实的理想定义不仅应包括计算机生成世界，还应包括感知环境的虚拟现实系统，也可简化为可呈现模拟世界的计算机程序，是一种高度交互的三维数字媒体环境，用户直观体验模拟环境，获得听觉、触觉及视觉等多感官反馈。

虚拟现实系统的核心是沉浸感、交互感与存在感的高度融合。沉浸程度与刺激感官量相关，受模拟环境与现实相似性的影响。交互感强调用户与虚拟环境之间的流畅性人机互动，尽可能模拟用户听觉、视觉、触觉等感官自然反馈。存在感可认为是处于虚拟环境中的主观心理感觉，用户在相同三维计算机生成环境中可能会产生不同程度的存在感。

虚拟现实技术是具有深远的潜在应用方向的新技术，它将对科学、工程、文化教育、医学和认知等各种领域产生深刻的影响。有朝一日，虚拟现实系统将成为人们进行思维和创造的助手，是人们对已有的概念进行深化和获取新概念的有力工具。

1.3.1 虚拟现实技术的发展历程

VR 概念由来已久，其他技术诸如计算机科学的成熟促进着虚拟现实技术的研发和产业发展。回溯虚拟现实技术的发展历程，总结发现其大致可划分为四个阶段，即概念萌芽、技术探索、突破发展和产业应用。以一系列标志性事件为界，虚拟现实从技术研发到产业化经历了里程碑式的发展，阶段性发展特征鲜明。

1. 概念萌芽阶段

虚拟现实技术构想的萌芽出现在 20 世纪 30 年代，法国剧作家、诗人、演员兼导演安托南·阿尔托，在他的著作《戏剧及其重影》（*The Theatre and Its Double*）中将剧院描述为"虚拟现实（La Réalité Virtuelle）"。虚拟现实直到 20 世纪 60 年代仍处于概念术语确立阶段。虚拟现实的概念首先来自斯坦利·G．温鲍姆（Stanley G. Weinbaum）的科幻小说《皮格马利翁的眼镜》（*Pygmalion's Spectacles*），这被认为是探讨虚拟现实的第一部科幻作品，简短的故事详细地描述了包括嗅觉、触觉和全息护目镜为基础的虚拟现实系统。电影摄影师莫顿·海利希（Morton Heilig）在 20 世纪 50 年代创造了一个"体验剧场"，可以有效涵盖所有的感觉，吸引观众注意屏幕上的活动；1962 年，他制作了一个名为 SENSORAMA 的原型机，并在其中展示了五部短片，同时涉及多种感官（视觉、听觉、嗅觉和触觉）。SENSORAMA 是机械设备，据说现在仍能使用。基于 SENSORAMA 模拟器，莫顿·海利希之后将其丰富成为 SENSORAMA 视频系统并成功申请专利，该系统能凭借立体声扬声器、三维显示器、震动椅等外部设备刺激用户感官。这个系统并未被成功商业化，但后续很多虚拟现实相关技术发明是以此为基础进行拓展研究的。1968 年，计算机图形学先驱伊凡·苏泽兰（Ivan Sutherland）与学生鲍勃·斯普罗尔（Bob Sproull）创造第一个虚拟现实及增强现实头戴显示器系统。这种头戴式显示器相当原始，也相当沉重，

不得不被悬挂在天花板上。该设备被称为"达摩克利斯之剑"（The Sword of Damocles）。SENSORAMA 和"达摩克利斯之剑"共同之处在于它们都允许用户使用不同的感官来体验虚拟环境，不足之处是它们都无法支持用户与虚拟环境进行交互。

2. 技术探索阶段

20 世纪七八十年代虚拟现实技术发展速度加快，光学技术和其他触觉设备同步发展，这使用户在虚拟空间中移动和交互成为现实。整合互动艺术与虚拟现实体验，计算机艺术家迈伦·克鲁格（Myron Kruegore）于 1975 年开发的 VIDEOPLACE 是第一个交互式虚拟现实平台，他对 VIDEOPLACE 的想法是创造一个围绕用户的人造现实环境，并响应他们的动作，且使用护目镜或手套不受阻碍。在实验室完成的工作为他在 1983 年所著的《人工现实》（*Artificial Reality*）一书奠定了基础。不同于直接佩戴头戴式显示器，VIDEOPLACE 使用投影仪、摄像机、专用硬件和用户的屏幕剪影将用户置于交互式环境中。身处不同房间的用户可以通过这项技术相互交流。1979 年，埃里克·豪利特（Eric Howlett）开发了大范围超视角（LEEP）光学系统，创建了一个立体图像，其视野足够宽，可以营造出令人信服的空间感。该系统的用户对场景中的深度感（视野）和相应的真实感印象深刻。最初的 LEEP 系统于 1985 年由 NASA 的艾姆斯研究中心重新设计，是他们的第一个虚拟现实装置。LEEP 系统为大多数现代虚拟现实头显奠定了基础。1986 年，汤姆·弗内斯（Tom Furness）研制出一种被称为超级驾驶舱的飞行模拟器。训练座舱创新之处在于拥有计算机生成的 3D 地图、先进的红外及雷达图像，这使得飞行员能够实时监测头盔的跟踪系统和传感器允许飞行员使用手势、语音和眼睛动作来控制飞机。到 20 世纪 80 年代后期，"虚拟现实"一词由该领域的现代先驱之一杰伦·拉尼尔（Jaron Lanier）推广。Lanier 于 1985 年创立了 VPL Research 公司。VPL Research 开发了多种 VR 设备，如 DataGlove、EyePhone 和 AudioSphere，并将 DataGlove 技术授权给美泰，美泰用它来制造 Power Glove，这是一款早期价格实惠的 VR 设备。从这时开始，虚拟现实概念逐渐清晰化，并得到各界认可。

3. 突破发展阶段

虚拟现实技术取得突破性进展是在 20 世纪 90 年代到 2010 年期间。乔纳森·瓦尔登（Jonathan Waldern）在伦敦亚历山德拉宫举行的计算机图形展览会展示了 Virtuality，这个新系统是一种使用虚拟头显的新街机，用户可在 3D 环境中获得沉浸式游戏体验。1991 年，游戏视频巨头世嘉（SEGA）公司宣布开发完成 SEGA VR 头显，它使用液晶显示屏幕、立体声头显和惯性传感器，让系统可以追踪用户头部运动，但这款设备从未公开发行。尽管如此，世嘉公司仍为普及虚拟现实做出巨大贡献。同年，游戏 Virtuality 推出，并成为第一个量产的多人虚拟现实网络娱乐系统。它在许多国家发售，并在旧金山内河码头中心建设了一个专门的虚拟现实商场。每台 Virtuality 系统成本为 73 000 美元，包含头盔和外骨骼手套，是第一个三维虚拟现实系统。1992 年，电子可视化实验室的 Carolina Cruz-Neira、Daniel J. Sandin 和 Thomas A. DeFanti 创建了第一个立方体沉浸式房间——洞穴式自动虚拟环境（CAVE）。在 Cruz-Neira 的博士论文中指出，CAVE 涉及一个多投影环境，类似于全息甲板，在限制范围内会随观众移动路径而反馈正确的透视和立体投影，并且可以让人们看到自己的身体以及与房间内其他人的关系。任天堂公司在 1995 年推出名为 Virtual Boy 的立体视频游戏机。它是第一个能够显示立体 3D 图形的游戏机。玩家可以像使用头戴式显示器一样使用游戏机，将头放在游戏机目镜上，可以看到单色红色显示屏显示的游戏画面，游戏使用视差原理产生 3D 立体效果。然而当时的技术水平与设计者的超前思维无法匹配，在 Virtual Boy 的整个发售期间，该游戏机总共仅发布了 22 款游戏，由于缺乏软件支持，这款游戏机仅上市 6 个月就因未达到销售预期而退出市场。1999年，企业家菲利普·罗斯戴尔（Philip Rosedale）组建林登实验室（Linden Lab），实验室最初的重点工作是开发使用户完全沉浸在 360° 虚拟现实中的硬件。进入 21 世纪后，得益于图形处理、动作捕捉等其他相关技术的突破，虚拟现实技术研究进入高速发展阶段。2007 年，谷歌推出街景视图，可以显示越来越多的世界各地全景，如道路、建筑物和农村地区，一个立体 3D 模式于 2010 年推出。虚拟现实在这个阶段迅速发展，理论和技术同步跨越幅度较大。

4. 产业应用阶段

2010 年至今，虚拟现实技术产业化走向新阶段。越来越多消费级虚拟现实产品逐渐进入大众视野，越来越多的普通大众开始接触到虚拟现实。2010 年，帕尔默·洛基（Palmer Luckey）设计了 Oculus Rift 的第一个原型，该原型建立在另一个虚拟现实头显的外壳上，只能进行旋转跟踪。然而，它拥有 90° 视野，这在当时的消费市场上是前所未有的。2012 年，Oculus Rift 首次在 E3 视频游戏贸易展上亮相。2014 年年初，Valve 公司展示了他们的 SteamSight 原型机，这是 2016 年发布的两款消费级头显的前身，它与消费级头显主要功能相同，包括每只眼睛单独的 1K 显示器、大面积位置跟踪和菲涅尔透镜。同年，Facebook 以 20 亿美元的价格收购了 Oculus VR，其首席执行官马克·扎克伯格（Mark Zuckerberg）认为 Oculus 会成为未来交流平台，预测虚拟现实技术将改变个人网络体验。此次收购事件标志着互联网公司开始涉入虚拟现实领域，虚拟现实技术作为经济驱动因素引起全球关注。在 2015 年，HTC 和 Valve 宣布推出虚拟现实头显 HTC Vive 和控制器。该装置采用 Lighthouse 的跟踪技术，该技术利用壁挂式"基站"使用红外光进行位置跟踪。此后到 2016 年，HTC 开始对外销售 HTC Vive，索尼公司推出 PlayStation VR。虚拟现实头戴式显示器设备领域最具竞争力的领先产品已全部出现，行业发展竞争势头突显。2016年也被视为虚拟现实技术发展的关键一年。随着 2020 年新型冠状病毒肺炎疫情的影响，VR 市场增长迅猛。根据 Grand View Research 的数据，预测到 2027 年，全球 VR 市场将增长到 621 亿美元。

1.3.2 虚拟现实技术的发展现状

早在 20 世纪 80 年代就有许多优秀的学者对虚拟现实技术进行研究，但是基本是处于实验室中，商业环境并未受到太多关注，普通人对虚拟现实也不了解。被称作 VR 元年的2016 年，微软推出 Hololens 和 Windows MR，索尼推出 PSVR，HTC 和 Valve 推出 HTC Vive，这些产品让虚拟现实技术进入大众视野。在 2021 年，元宇宙成为热点概念，而虚拟现实与之息息相关，被不少人认为是元宇宙的"入场券"技术，其发展前景不容忽视。随着社会生产力和科学技术的不断发展，各行各业对 VR 技术的需求日益旺盛。VR 技术

也将取得巨大进步，并逐步成为一个高投资、高复杂度的高科技领域。

1. 虚拟现实在美国发展现状

美国是最早研究虚拟现实技术的国家，也是虚拟现实的发源地，美国的虚拟现实研究机构也是全世界最多的，其中最著名的是 NASA 的艾姆斯研究中心。早在 1981 年，艾姆斯研究中心就已经针对虚拟视觉环境映射系统项目的应用进行了深入的研究，研发出了虚拟交互环境工作站（Virtual Interactive Environment Workstation），这是一种头戴式立体显示系统，其中的显示可以是人工计算机生成的环境，也可以是从远程摄像机捕捉的真实环境，操作员可以"进入"这个环境并与之交互。艾姆斯研究中心目前正在投入运行一个被称为探索虚拟星球的测试项目，这个测试项目允许设备能够利用其虚拟的环境去探索遥远的太阳系。现在，美国将大量虚拟现实技术引用于军事领域中，VR 技术可以将受训者置于不同地点、情况或环境中，用于培养其技能并为之提供宝贵的经验。受训者可以使用 VR 技术体验跳伞，或体验从飞机上跳下的感觉，这种训练节省了现实世界飞行训练的成本。除此之外，VR 也可以帮助治疗创伤后应激障碍（Post Traumatic Stress Disorder, PTSD），或为新兵提供"新兵训练营"体验，帮助他们快速适应军事生活，减少焦虑。

2. 虚拟现实在英国发展现状

在虚拟现实技术的研究和开发上，英国在一些方面处于世界领先水平，如分布式并行处理、配件开发、触感反馈及其应用等。英国拉夫堡大学（Loughborough University）的高级 VR 研究中心（AVRRC）是第一个，也是英国的大学中成立时间最长的 VR 研究中心，其在研究先进系统、建模、模拟和交互式可视化方面拥有二十多年的历史，享誉国际。此外，英国拥有多家正在使用虚拟现实和增强现实技术、内容和产品的公司。英国布里斯托尔公司设计和开发的 DVS 软件系统被认为是一种比某些标准化操作系统环境更优越的软件系统。

3. 虚拟现实在日本发展现状

日本多年来一直在虚拟现实相关的游戏硬件和软件开发方面处于领先地位，虚拟现实技术在日本主要用于娱乐活动。然而，近几年随着虚拟现实技术在其他相关领域的科学研究中发挥越来越重要的作用，日本越来越多的行业也在应用，包括医药、旅游、零售和制造业。Styly 系统由日本 Psychic VR 实验室开发的一个 VR 购物平台，可在百货商店中为用户提供前所未有的购物体验，虚拟现实技术如可以在虚拟空间中体验各种时尚品牌。除了让购物者体验商品外，Styly 系统还可以让购物者体验在 2037 年的东京、在外太空等虚拟场景中的购物。

4. 我国虚拟现实发展现状

随着虚拟现实技术的不断发展，我国也不断加大对该技术的关注。在 2016 年的"十三五"规划中明确提出要落实虚拟现实等新技术的技术研发和前沿布局，政府和企业在虚拟现实的技术研发、产品消费等方面均出台了不少政策，支持着我国虚拟现实行业的发展。国内多家科研院所和高校积极开展技术研发和推广，现已经取得一定的阶段效果。截至 2021 年 9 月，在全球虚拟现实行业技术来源国分布中，我国占比最大，为 47.91%。另外，在全球虚拟现实行业专利申请数量排名前十中，我国占据了一半。此外，元宇宙的兴起推动了我国虚拟现实行业新一轮的发展热情，对我国虚拟现实行业的上下游硬件、软件生态都起到了积极的促进作用。

1.3.3 虚拟现实技术面临的挑战

随着虚拟现实技术的发展，虚拟现实相关软硬件逐渐走进人们的生活中，越来越多的行业意识到虚拟现实技术所能提供的优势。从高大上的黑科技，到日常生活的吃穿住行，虚拟现实技术产品已经与不同行业融合，在工业制造、文化、健康、商贸等领域发光发热。虚拟现实技术正在成为引领全球新一轮产业变革的重要力量。纵使虚拟现实技术发展前景广大，但是现阶段仍然存在一系列问题，如核心技术深度开发问题、用户安全问题和可访问性问题等，以及未来虚拟现实技术还要考虑的伦理问题等。

1. VR 行业发展杂乱

2016 年被视为"VR 元年"，VR 成为热潮概念，大量头显设备随之涌现。随着行业的快速发展，也出现许多虚拟现实技术被滥用的状况。由于行业标准和监督机制的严重缺失，产品质量参差不齐，很多价格低廉的虚拟现实技术产品盛行，目前市场上九成以上的消费者购买的都是不足百元的 VR 盒子，其内容少、体验差，以及泛滥的劣质山寨头盔，毫无疑问将对未来 VR 技术在消费领域产生负面影响。一些劣质的 VR 内容没有得到监管，特别是直接针对低龄用户的 VR 教育领域，问题更为突出。VR 产业发展乱象必须及时纠正，否则无助于我国虚拟现实技术和产业发展，甚至会引起一系列社会问题。

2. VR 技术存在的瓶颈

1）晕动症

虚拟现实提供了丰富的三维感知信息，是更逼近于人眼观看到三维物理世界的方式，但大多数人佩戴 VR 眼镜后都会产生眩晕感和疲劳感。这个问题被称为 VR 晕动症，是现阶段虚拟现实亟待解决的问题。VR 晕动症产生的原因主要是因为眼睛和大脑接收到的信息发生了冲突，如在 VR 眼镜中看到的画面移动了，而我们现实中的身体没有移动，VR 画面变化越快，大脑产生的冲突越明显。产生晕动症的技术原因有很多方面，如空间位置定位和姿态角度定位的精度与速度、显示器刷新频率等，其中图像渲染时延是主要原因。

2）多感知延伸

虚拟现实应该同时拥有多种感知方式，这样才能给用户提供完美的沉浸感体验。当前虚拟现实的体验绝大多数为视觉体验。视觉器官是人体最重要、最复杂的传感器，人类大部分行为的执行都依赖视觉。但虚拟现实创造的模拟环境不应仅仅局限于视觉刺激，还应该包含其他的感知，如触觉和嗅觉。当前虚拟现实的触觉体验大多依靠手柄的震动来实现，但这与真实的触感相差甚远。由于受到技术发展的限制，VR 技术目前可以提供的感知功能还是十分有限的。

3）裸眼 3D 显示

裸眼 3D 显示相较于头戴式显示具有更显著的优越性，但当前裸眼 3D 显示仍然存在着诸多不能解决的困难：用户必须被局限于特定的范围内；存在眩晕感；雾幕与水幕类的裸眼显示对真实感与视场环境产生影响；LED 叶片法生成的裸眼影像的质量较差；空气

分子等离子体显示等难以显示彩色影像。由于物理或者视场障碍的存在，裸眼 3D 电视与 LED 叶片裸眼显示中的用户不能进入虚拟空间，并且在交互时不能使用触觉方式进行。

4）大范围多目标精确定位

虚拟现实系统具备两个坐标空间，分别是现实世界中的坐标空间和虚拟世界的坐标空间，需要完成两个坐标的一一映射，也就是定位。目前面向市场的虚拟现实眼镜中，HTC Vive Pro 被认为定位精度最高，延迟最低。HTC Vive Pro 的定位主要依靠定位基站来完成，定位基站包括红外线发射装置和红外线接收装置，虽然它在独立、空旷的房间定位效果优秀，但是在大范围复杂的场景中障碍物会阻挡红外光的传播，因此其在大范围复杂场景中定位十分不稳定。此外，当前的虚拟现实系统主要是为个人提供体验，如果要实现多人线下体验，则需要实现对多个目标的定位和数据共享。

3. VR 引发的健康问题

随着虚拟现实技术的不断发展与完善，虚拟现实技术也开始走进人们的生活，用户沉浸在虚拟现实中的时间越来越长，但长时间佩戴和使用设备会带来健康风险，如由于 VR 逼真的模拟动作会影响人对时间和空间的感知，从而导致用户疲劳、恶心或头晕。这是由于 VR 会影响大脑和眼睛连接的方式。在现实生活中，我们的眼睛自然会聚并聚焦在空间中的一个点上，大脑已经习惯了，以至于将两种反应耦合在一起。虚拟现实将这些分开，使大脑感到困惑。此外，虚拟现实身临其境的特性有可能会让使用者引发压力或焦虑，特别是在内容令人恐惧或受到暴力时，可能会导致使用者的身体产生生理反应，如心率和血压出现异常。还可能引起一些使用者的不良心理反应，如焦虑、恐惧，甚至是创伤后应激障碍。关于长期使用沉浸式虚拟现实的健康后果，学术界尚无法准确评估这一问题带来的潜在威胁。

1.3.4　虚拟现实的发展趋势

虚拟现实是一个逐渐形成的概念，并在其发展过程中被人们不断调整与丰富其内涵。在科技不断进步的今天，虚拟现实产品成为发展主流，各行各业对于 VR 头戴式显示器的需求越来越大，头戴显示器逐渐成为虚拟现实的主流设备。根据互联网数据中心预测数据进行分析，2018 年该产品的销量从前一年的 800 万台增长到 1240 万台，并且在接下来的连续五年平均增速为 50% 左右。预计到 2022 年年底，虚拟现实和增强现实的设备交付量将达到 6800 多万台。此外创业企业逐渐退场，巨头成为中坚力量。VR 硬件设备供应商发生了较大的变化，主要以巨头公司为主，目前主流制造厂商有 HTC、索尼、三星等。虚拟现实市场逐渐得到业界的认可，核心器件厂商已正式跟进，高通等主流芯片厂商发布了专门为虚拟现实应用优化的芯片，谷歌和 LG 也为虚拟现实打造了专用的 OLED 显示屏。这都表明了虚拟现实的市场潜力得到了整个行业的认可，VR 头显预计将迎来一次本质性的技术升级，整个虚拟现实行业也将迎来新一轮的发展高潮。

能够预计到的是，短期内游戏玩家们可以佩戴头盔、穿着游戏专用的手套与衣服在虚拟现实的游戏空间中体验身临其境的感觉，此种技术的发明将会给当前已有的各种大型游戏带来颠覆性的改革，与此同时也极大地推动了科技的发展。从虚拟现实技术的发展进程来看，未来虚拟现实技术的探索依然会延续低成本、高性能的发展原则，从硬件和软件两个部分进行研究，其发展的趋势主要归纳为以下几点。

1. 更先进的头戴设备和硬件

与任何技术一样，随着时间的推移，使用虚拟现实所需的硬件会变得更小、更强大。除了更轻的 VR 头戴设备，AR 设备也将变得更轻，美国科技公司 Mojo Vision 已经展示了将信息直接投射到视网膜上的 AR 隐形眼镜的技术。虚拟现实相关硬件也将提供更多功能。借助 HTC Vive Pro Eye 让用户通过眼球运动控制界面的眼动追踪技术已经被实现，可以期待更多软件在未来利用这项技术。此外，其他硬件创新将尝试解决在虚拟环境中实现真实运动的问题，如实际环境与虚拟环境的大小比例不匹配的问题，针对此问题 VR 万向跑步机应运而生。

2. 虚拟现实与 5G 技术

5G 技术正在逐渐普及，其目前提供的速度比现有移动网络速度约快 20 倍。网速提升的好处不仅在于更快的数据传输，还为提供不同类型的数据和服务创造了可能性。这包括运行虚拟现实所需的大量数据，使无线和基于云的 VR 和 AR 成为可能。例如，VR 流媒体平台 PlutoSphere 和其他提供类似服务的公司允许用户从云服务器流式传输 VR 游戏，用户无须拥有配备强大图形硬件的昂贵游戏计算机即可享受家庭 VR。游戏往往是目前医疗保健和教育等行业的大部分 VR 技术的试验台，因此我们期待在未来出现针对其他行业的类似于 VR 游戏应用的解决方案。许多企业希望在不进行大量基础设施投资的情况下部署虚拟现实解决方案，5G 技术的出现将大大降低企业进入的门槛。

3. 新型交互设备

虚拟现实技术可以实现用户自由地和虚拟世界中的事物进行交互，宛如身临其境，凭借的是穿戴输入 / 输出设备，主要包括头戴显示器、数据手套和衣服及三维位置传感器与声音产生器等。一种称为触觉反馈的技术将尝试解决在虚拟世界提供触觉的问题，通过电刺激提供触觉反馈的 Teslasuit 是其中的一个应用案例。Teslasuit 是世界上首款虚拟现实全身触控体验套件，该套装目前售价约 20 000 美元，除虚拟现实用途外，还被 NASA 用于宇航员训练，预计今后市场上会出现更小规模的消费者版本。新型、低价位、感应性优良的数据手套与衣服将会成为开展后续研究的主要方向。

4. 虚拟现实与元宇宙

元宇宙在某些场合被称为 Web 3.0 或社交媒体 2.0。著名科技公司 Facebook 甚至更名为 Meta 来表明公司将业务重心全面转向元宇宙。虽然元宇宙不一定只存在于虚拟现实中，但虚拟现实版本的元宇宙是最受关注的，这是因为身临其境的体验环境是整个元宇宙概念的核心，而虚拟现实符合这一点。现在还没有人确切地知道元宇宙最终会是什么样子，Meta 对虚拟现实领域的关注（通过其硬件品牌 Oculus）意味着虚拟现实很可能成为核心元素。元宇宙概念的 3D 环境、虚拟化身和游戏化这三个基本方面都非常符合虚拟现实技术特点。此外 AR 也有可能模糊虚拟世界和现实世界之间的区别，这是另一个与元宇宙概念很好结合的想法。2022 年 Meta 的 Horizon 平台的发布，让人们第一次体验元宇宙可能的样子，而虚拟现实将成为体验它的窗口。

元宇宙
介绍

1.4 元 宇 宙

元宇宙也被称为后设宇宙、形上宇宙、元界、魅他域、超感空间、虚空间，是一个聚焦于社交链接的 3D 虚拟世界网络。Metaverse 一词最早见于尼尔·斯蒂芬森（Neal Stephenson）1992 年的科幻小说《雪崩》。斯蒂芬森用这个词描述一个基于虚拟现实的互联网后继者，是一个利用先进科技手段创造的与现实世界相互映射与交互的虚拟世界。如今 Metaverse 一词被翻译为元宇宙。大多数人都认为元宇宙将成为下一代互联网的新形态，将人们带入一个崭新的网络时代，但至于什么是元宇宙，至今没有一个明确的定义，不同学者也有着不同的解读。关于元宇宙的讨论，主要是探讨一个持久化和去中心化的在线三维虚拟环境，人们在此虚拟环境中，可以通过虚拟现实眼镜、增强现实眼镜、手机、个人计算机和电子游戏机进入人造的虚拟世界。元宇宙包括物质世界和虚拟世界，并拥有一个独立运作的生态系统，图 1.7 为元宇宙生态系统图。

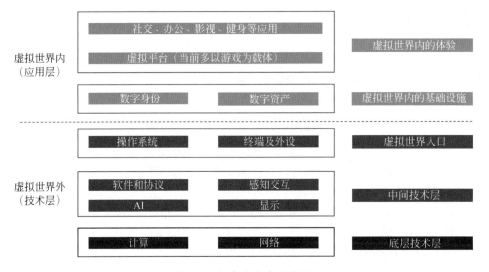

图 1.7　元宇宙生态系统图

元宇宙会是去中心化的（没有中央统管机构），有许多公司和个人在元宇宙内经营自己的空间。元宇宙的其他特色如数字持久化和同步，意味着元宇宙中的所有事件都是实时发生的，并具有永久的影响力。人们在元宇宙拥有自己的数字身份，可以在现实和虚拟两个世界进行虚实互动，并创造任何想要的东西。元宇宙生态系统包含以用户为中心的要素，例如头像、身份、内容创作、虚拟经济、社会可接受性、安全和隐私以及信任和责任。

2003 年的虚拟世界平台 Second Life 通常被描述为第一个虚拟世界，因为它将社交媒体的许多方面整合到一个持久的 3D 世界中，用户表示为化身。社交功能通常是许多大型多人在线游戏中不可或缺的功能。元宇宙所具有的内涵与价值，已远远突破了以往以 Second Life 为代表的虚拟世界所具有的特征，它不仅是基于体素建模（Voxel Model）技术、非同质化代币（Non-Fungible Token，NFT）属性与数字孪生等所构建与支撑的虚拟宇宙，而且具有丰富的活动场景、内容形式、商业化交易，以模拟社会、经济、法律、军事到游戏、旅游、休闲、社交。

可以想象的是，随着元宇宙概念的发展和渗透，沉浸式虚拟内容（游戏、卡通等）与沉浸式实体内容（媒体、社交、影视等）的融合程度将会越来越高。一方面，基于 AR/VR 等设备的创作成果将以立体化的方式呈现，市场对动画艺术家、三维角色绑定师、特效设计师以及艺术与科学相结合的复合型人才的需求也将相应提高。另一方面，创意工作者丰富的内容生产将进一步吸引用户参与体验甚至参与创作，促使"小宇宙"演变成"大宇宙"，最终呈现出下一代互联网和媒体融合的终极形式，并给予用户极佳的沉浸式体验。目前元宇宙运用的局限，主要来自与实时虚拟环境交互所需的硬件设备和传感器的技术限制。许多公司，如 Meta、Valve、Epic Games、Microsoft 和字节跳动，正在投资元宇宙技术的研究，拓展其运用层面使其更符合成本效益。

1.4.1 元宇宙的产生

虽然元宇宙并没有一个明确统一的定义，但元宇宙的内涵是清晰的：利用数字技术形成高度沉浸式虚拟化的数字世界，人们在其中可以借助高度的仿真体验模拟并从事真实世界的大部分社会活动。从元宇宙的概念来看，会发现它和过去数字化进程的逻辑是一脉相承的，也就是说，虚拟化和元宇宙是互联网诞生的必然结果。它实际上是一系列过程的演化，在早期，互联网就是字符，后来发展到多媒体和三维图像。元宇宙其中一个核心概念是数字孪生，即我们在数字社会中构建了与现实世界完全对应的生活关系。在互联网应用的早期，尽管其主要用途是军事与科研等专业领域，但是在其内部的使用者之间也形成了相应的网络社区，也是最早的互联网虚拟化社会。现在互联网已经形成了基本人际关系的网络化构建，并实现了基本的社区功能，如交互和娱乐，这可以看作元宇宙最早的雏形。

在尼尔·斯蒂芬森的科幻小说《雪崩》中，Metaverse 是一个虚拟的城市环境，沿着一条 100m 宽的道路发展，可以购买虚拟世界中的土地，并在上面开发建筑。人们可以通过高质量的个人虚拟现实眼镜，或通过高质量的公共虚拟现实眼镜进入这个环境中，并与彼此或软件客户端进行交互。2011 年科幻小说《头号玩家》及其同名改编电影描述了 2045 年的世界被能源危机和全球变暖所笼罩，造成广泛的社会问题和经济停滞。大多数人逃避现实的方式是通过 VR 眼镜和有线手套进入名为"绿洲"（Oasis）的元宇宙。Oasis 既是一个大型多人在线游戏，又是一个虚拟社会。以《黑客帝国》《异次元骇客》为代表的一系列影视作品，探讨了基于互联网构建高度虚拟社会的一系列社会问题，引起了全人类社会对相关问题的讨论热潮。在此基础上，甚至产生了关于数字本质的探讨和人类本身是否真实的进一步推论，如 2003 年，英国哲学家 Nick Bostrom 发表了论文《我们是否生存在计算机模拟中》。

随着网络的不断延伸，相应的数字技术也在同步推进，如大数据、人工智能技术等。网络在社会中的全面渗透，必然会形成对现实世界的连续数字化映射，因为只有通过数字化的采集和构建，才能在网络上进行交互传输。可以说，网络化是数字化进程的主线。随着移动互联网的发展以及感知系统被越来越多的应用，如遍布全城的摄像头、语音控制器，

对整个城市进行实时有效采集和处理成为可能。智能手机的出现极大地推动了个人数字映射进程，因为智能手机已经远远超过了通信功能，其整合了包括高性能计算机、高清摄像头、声音采集器、地理信息定位系统、动作感知器、生物特征采集器（如指纹、虹膜等）的复杂的感知计算通信系统。因此，智能手机将会极大地促进了个人数据的收集，使用智能手机可以为用户粗略、准确地建立数据画像，形成个人自然信息的大规模上传，从而构建了元宇宙的个人信息和社交基础。

在大数据的促进下，人工智能也相应发展起来，21世纪人工智能的迅速发展本质上来自数据素材的快速积累，形成了以"深度神经网络＋大数据"为核心方法的进化路径，从而改变了长期以来符号逻辑方法对人工智能发展的局限。从人工智能的现状来看，虽然其在整体的认知和适应性方面与人类还有差距，但已经在大部分细分领域接近或者超越了人类水平。大数据技术和人工智能的发展，为元宇宙的发展奠定了智能控制技术的基础。

除了数字技术本身的飞速发展外，与数字技术相关的生物信息技术也极大地助推元宇宙概念的提出。从19世纪末开始，伴随着电子技术发展，电子技术在生物领域得以应用，如心电图和脑电图。自20世纪中叶数字技术出现后，数字技术与生物科技的交叉成为生物学领域的主流。这既包括生物技术对数字技术的利用，如数字化的生理指标检测（心脑电图）和治疗设备（CT、核磁共振等），也包括数字技术对生物科技的学习，如遗传算法和神经网络。生物数字技术近年来在人机交互方面的一系列发展，特别是神经系统和电子系统的耦合发展，对元宇宙的发展有着极大帮助。生物数字技术主要包括以下三类。

（1）动作感知系统。通过全身的传感器可以精准地感知人体动作并进行数字化处理，目前在娱乐领域尤其是电影领域已经有了充分的应用。

（2）器官感知和反馈系统，如人工耳蜗、电子皮肤和触觉手套。人工耳蜗在医学上已被广泛应用，它本质上是人工器官将电信号直接作用于神经系统；电子皮肤和触觉手套可以更加精准地测量感知精细的手部动作，并将各种感觉模仿出来反馈给皮肤，目前在一些非常高端的制造和医学领域有所应用。

（3）脑波控制和脑接口。前者是不深入皮肤，利用大脑发射的脑波，实现对数字设备的控制这项技术在很多领域已经应用，如无人机控制民用化产品；后者是直接将神经与电极相连，形成生物电子神经系统，这还存在伦理和技术难点。

此外，区块链、电子商务、网络游戏、数字经济、智慧城市等一系列数字技术在经济社会各个方面的拓展都为元宇宙的产生做好了相应的技术准备，尤其是继2016年虚拟现实元年以来，VR技术的迅猛发展，使得元宇宙的诞生成为水到渠成、呼之欲出的产物。

1.4.2　元宇宙的核心技术

元宇宙一般包含以下核心技术。

1. 虚拟现实 / 增强现实技术

从本质上讲，元宇宙主要是为用户提供身临其境的体验，如果没有虚拟现实技术和增强现实技术，这将是不可能实现的。元宇宙和虚拟现实是经常互换使用的术语，但两者存在一些差异。元宇宙是用户之间相互连接的虚拟现实体验，单纯的单人虚拟现实游戏并不能算元宇宙的一部分。未来，元宇宙可能会从 VR 扩展到更具未来感的技术。虚拟试衣间技术最近正在兴起，此技术可以帮助改善电子商务体验。利用虚拟试衣间技术可以让购物者克服网上购物的障碍，用户无须出门就能通过 VR 选择最适合自己的商品。然而，VR 体验需要昂贵的设备，如虚拟现实头显，这对大多数人来说并不是最实惠的选择。但用户只需要有一部智能手机就能获得基本的 AR 体验。据数据机构 Statista 调查，全球 83.96% 的人口拥有智能手机，这意味着增强现实技术可能成为元宇宙发展的主要推动力。

2. 人工智能技术

尽管虚拟现实技术和增强现实技术走在元宇宙的前沿，但人工智能也是一项重要的技术，它为元宇宙提供幕后的技术支持。在众多技术中，人工智能技术对数据计算和预测最有效，它也可以通过改进算法，帮助完成某些任务，如用户虚拟头像的创建、自然语言的处理和翻译以及虚拟世界的生成。它还可以在 VR 中帮助用户改善交互方式，因为人工智能可以密切关注用于测量用户生物电和肌肉模式的传感器。人工智能还可以通过为视障用户提供图像识别等服务来使元宇宙体验更具包容性。

3. 3D 建模技术

要成为一个真正的沉浸式平台，元宇宙需要真实的三维虚拟环境。有数百种 3D 建模工具为希望创建元宇宙或 VR 相关产品的企业提供基础。除了在 Blender、3ds Max 等软件中从头开始构建对象外，现在还可以使用传感器重建 3D 对象。在某些情况下，这可以通过配备红外深度扫描仪（如 iPhone 的 LiDAR 传感器）的移动设备来实现，从而帮助数字化对象在虚拟环境中使用。数字化对象也可以对制造业产生积极影响。3D 技术可以提高消费者对供应链的可见性，使他们能够了解产品的来源和加工方式。尽管在 VR 中的虚拟环境完全数字化用户整个身体的技术还没有出现，但虚拟化身技术是一个最重要的研发对象。在元宇宙中，能够正确地创建和使用虚拟 3D 化身非常重要。

4. 边缘计算

边缘计算以其低延迟和传输数据快的特点在商业中很受欢迎，这对于虚拟空间中的高质量沉浸式体验是必要的。数百万人在世界各地同时进行虚拟体验时，云计算根本无法维持系统所需的全部处理能力。而边缘计算可以将数据处理更接近每个用户，使整个体验更加流畅。

5. 5G 技术

元宇宙的核心是相互连接的虚拟体验，这样的虚拟体验需要使用大量数据。5G 技术是移动通信发展新趋势之一，它使人们不仅仅在家，还能够从任何地方连接到这些 AR/VR 体验上。通过 5G 获得的更多带宽使 VR 渲染可以在边缘设备上完成并传输到用户的 VR 头显上，这意味着未来几年 VR 头显的尺寸可能会缩小，以便用户使用头显时感觉更加舒适。

1.4.3 元宇宙的应用领域

理想的元宇宙将允许用户进行任何体验或活动，或者解决他们几乎所有的需求，所以在理想状态下，元宇宙可以应用于任何事物。简言之，在可见的未来，元宇宙将逐步应用于各种领域中。

1. 娱乐

娱乐是当前元宇宙首要的应用领域。就开发商而言，将现有的以 3D 电影和游戏为主要架构的数字娱乐体系进一步延伸到高度拟真浸入感的元宇宙架构中，无论从商业宣传、产品布局，还是技术延伸和利润获取上看，都显而易见是一个非常好的噱头和方式。而对用户来说，元宇宙能够以更低成本获取更为丰富精彩的娱乐体验。从元宇宙的各项前期技术发展来看，无论是 3D 电影、3D 游戏、虚拟现实和增强现实等技术，都毫无例外率先应用于个人娱乐领域。显然，元宇宙也将如此。元宇宙与传统 3D 体系娱乐的区别在于，前者将以更加浸入的方式将使用者带入新的娱乐场景。因此，之前的 3D 娱乐技术更多是给玩家提供一个窗口，而元宇宙将给玩家提供一个世界。这一世界的每一个物体都是尽可能地模拟真实物体，不仅是形态上，还包括其自身的属性和运动规律，以及与用户之间的互动关系。这一世界中的每一个数字人都在强 AI 的支撑下能够高度模仿真实人类与用户进行知识或者情感上的互动。因此，不断完善的元宇宙将成为人类的终极娱乐形态——在另一个世界真实地扮演一个人，如图 1.8 所示。

图 1.8　元宇宙在游戏娱乐中的应用

2. 电子商务与数字交易

从 20 世纪 90 年代中后期开始，互联网走入千家万户的同时，电子商务与互联网结合，成为互联网经济化的最早应用。预计全球零售电子商务的交易额 2023 年将突破 6 万亿美元，这体现出消费者对于在线交易的巨大需求和增长潜力。在电子商务的发展过程中，电子商务先是通过第三方支付解决了用户支付信任问题，又通过评价反馈系统和大数据监控基本解决了产品质量问题，但用户体验问题始终没有得到解决，这也成为阻碍电子商务发展的核心难题。结合元宇宙，通过建立大量的元宇宙体验店，使用户能够对一些需要体验的商品进行沉浸式体验。除了与传统电子商务结合，元宇宙内的数字类商品的交易也将成为重要的数字交易形式。用户可以对元宇宙内的虚拟物品进行相互交易，如虚拟土地、虚拟房产等。在元宇宙平台内，数字类产品将具有更大的拥有与体验价值，大量数字产品也将在元宇宙内被创造和交易，从而成为与现实世界平行的经济系统。

3. 数字劳动

数字技术的发展始终与社会生产息息相关，从电子计算机诞生伊始，即很快被用于生产和经济管理体系。受新型冠状病毒肺炎疫情的影响，人们的生产、生活方式发生了巨大变革，办公场所已经从线下转移到线上。元宇宙中的办公场所更加具有交互性，通过虚拟化身，用户除了能看到扁平的文字和头像外，还能观察到彼此的表情、肢体语言和动作。例如，Meta 研发的 Horizon Workrooms，用户戴上头显设备后，可以创建属于自己的虚拟化身，并通过人脸识别和"捏脸"来塑造形象。采用虚拟化身的元宇宙会议，相比腾讯会议和钉钉等以文字、图像为主的平台而言，更贴近自然情形下的人类交流。另外，元宇宙办公可以节省工作成本，让员工足不出户便可进行协作办公。当然，元宇宙中的数字劳动还不能对应于生产端，仅停留在数字端，包括面向实际生产的来自个人或者企业的数字设计劳动，也包括纯粹面向元宇宙内部消费的数字劳动，如在元宇宙内设计房屋、创建数字商品等。

4. 数字教育和科研

教育和科研是数字技术自诞生以来就被充分应用的领域。新型冠状病毒肺炎疫情期间，线上教育已经常态化，互动式远程在线课堂成为教育的新形态。然而，现有的在线互动交互始终无法解决全身心浸入问题，元宇宙和数字教育结合能弥补这一缺点并能助力数字教育发展。元宇宙教室让师生可以在虚拟场景进行互动，为在线教育提供了新的发展机遇，让在线教育进入体验化学习和沉浸式交互，如图 1.9 所示。由于元宇宙本身沉浸的特点，其适用于引导学生开展沉浸式学习，为学生构建了身临其境的教学情境，让学生做到真正地专注于课堂。例如，在开设人文社科类课程时，元宇宙教学可以让学生跨越时空，与历史上的名人大家对话和交谈，深切感受到人文学科的魅力。元宇宙也赋能了科研创新的培训，师生可以在虚拟环境开展教学和实验，降低了科研成本的同时，减少了实验风险。此外，利用元宇宙构建更好的科技工作者的交流平台显然也是可行的，例如元宇宙内的科研会议、期刊等都有助于更好地实现科技交流；利用数字化的实验设备构建远程综合的科研体系也是具有前景的，今天的很多大型科研体系之间已经实现了在线的设备共享，如全球的大型望远镜、地震监测设备等。

图 1.9 元宇宙与教育

5. 军事

军事领域也是元宇宙最早被应用的领域，尽管绝大多数人并不希望如此。无论是数字计算机还是互联网的诞生，都是来自军事目的。而此后包括充分利用传感器和数据链构建数字透明战场，以及利用人工智能技术进行智能改造都充分体现了这一点。因此，元宇宙在军事领域的应用也将是一种必然。元宇宙早期的技术如虚拟现实和增强现实就已经被充分利用在军事训练中，例如战术增强现实（Tactical AR, TAR）是一种看起来类似于夜视镜的技术，但它具有更多功能，如可以显示士兵的精确位置以及盟友和敌对部队的位置。该系统以与护目镜相同的方式连接到头盔上，可以在白天或晚上的任何时间使用。因此，TAR 有效地代替了标准的手持 GPS 小工具和眼镜。我们可以预测在可见的未来，结合元宇宙技术利用更多的传感器和体感设备让远程的武器操作者更安全和更真切地感知所在环境和对手信息，从而进一步降低本方的人员伤亡，这将是军事大国的必然选择。显然，拥有更好的军事元宇宙体系的国家，也就意味着拥有更强大的战场态势感知能力，在通畅的军事数据链、远程操控技术以及军用 AI 等方面，势必形成强大的军事优势，如图 1.10 所示。

图 1.10　元宇宙与军事模拟

1.5　数字孪生

近年来，数字孪生技术已成为国内外学者、研究机构和企业的研究热点。全球权威的研究咨询公司高德纳（Gartner）自 2016 年以来，连续四年将数字孪生列为十大战略技术发展趋势之一。自 2010 年美国国家航空航天局（NASA）在空间技术路线图中引入数字孪生概念以来，美国空军研究实验室、洛克希德·马丁公司、波音公司、诺斯罗普·格鲁曼公司、通用汽车等国外科研机构和企业正在航天领域积极研究和探索数字孪生技术。国内研究人员也开展了大量的数字孪生技术研究。自 2017 年起，每年举办数字孪生学术会议。工业和信息化部下属的中国电子信息产业发展研究院、中国电子技术标准化研究院和工业互联网产业联盟分别发布了关于数字孪生的《数字孪生使用白皮书》和《工业数字孪生白皮书》，为凝聚和深化数字技术孪生共识，加快数字技术创新和孪生应用实践奠定基础。

如果说虚拟现实是构建一个完全虚拟的世界，那么数字孪生则是构建一个虚拟的真实世界。数字孪生技术是解决数字模型与物理实体交互问题，实现数字转型理念和目标的关键技术。将在支持产品开发业务全过程，促进科研、生产、管理一体化创新中发挥重要作用。因此，进一步研究数字孪生的概念，重点突破数字孪生的关键技术，开发和构建适合航天领域的工具平台和应用模式已迫在眉睫，这也是我国工业领域进一步改革发展的大趋势。

1.5.1 数字孪生概念

数字孪生的概念模型"镜像空间模型"（见图 1.11）最早由美国密歇根大学 Michael Grieves 于 2003 年在产品全生命周期管理（Product Lifecycle Management，PLM）课程提出，随后在与 NASA 和美国空军的合作过程中对该概念进行了丰富，强化了基于模型的产品性能预测与优化等要素，并将其定义为"数字孪生"。

图 1.11 数字孪生概念模型

综合国内外对数字孪生的认识和理解，数字孪生被定义为对产品实体的精细化数字描述，能基于数字模型的仿真实验更真实地反映出物理产品的特征、行为、形成过程和性能等，能对产品全生命周期的相关数据进行管理，并具备虚实交互能力，实现将实时采集的数据关联映射至数字孪生体，从而对产品进行识别、跟踪和监控。同时可以通过数字孪生体对模拟对象行为进行预测及分析、故障诊断及预警、问题定位及记录，实现优化控制。

1.5.2 数字孪生关键技术

数字孪生技术架构可以按技术特性分解为专业分析层、虚实交互层和基础支撑层（见图 1.12），以安全互联技术、高性能并行计算技术为数字孪生基础，利用基于 PLM 的数据管理技术支撑产品全生命周期的数据管理，通过精细化建模与仿真技术实现对产品的精细化数字表达，基于信息物理系统（Cyber-Physical Systems，CPS）对数据进行实时采集，结合数据模型融合技术和交互与协同技术进行虚实交互，从而实现智能决策、诊断预测、可视监控、优化控制等。

1. 精细化建模与仿真技术

精细化建模与仿真是指从几何、功能和性能等方面对产品进行精细化建模与跨领域多学科耦合仿真，连接不同时间尺度的物理过程构建模型，从而精确地表达物理实体的形状、行为和性能等。目前，精细化建模与仿真技术的研究主要包括精细化几何建模、逻辑建模、有限元建模、多物理场建模、多学科耦合建模与仿真实验等方面，通过这些技术的突破实现对物理实体的高保真模拟和实时预测，主要方法包括基于特征的三维建模技术，基于 SysML 的逻辑建模技术，基于有限元的多物理场耦合仿真技术，多学科耦合性能仿真技术，

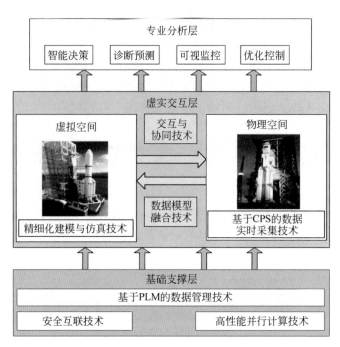

图 1.12　数字孪生技术架构

基于数据库的微内核数字孪生平台架构、自动模型生成和在线仿真的数字孪生建模方法等。

2. 数据模型融合技术

数据模型融合是指基于数据对多领域模型进行实时更新、修正和优化，实现动态评估。目前，国内外研究学者将结构、流程、多物理场等模型，通过神经网络、遗传算法、强化学习等数据分析技术，实现数据模型融合。

3. 基于 CPS 的数据实时采集技术

基于 CPS 的数据实时采集指基于 CPS 通过可靠传感器及分布式传感网络实时准确地感知和获取物理设备数据。目前，国内外研究学者主要提出了传感技术、现代网络及无线通信技术、嵌入式计算技术、分布式信息处理技术等关键技术，并在拓扑控制、路由协议、节点定位方面取得突破。

4. 交互与协同技术

交互与协同指利用虚拟现实 VR 、增强现实 AR 、混合现实 MR 等沉浸式体验人机交互技术，实现数字孪生体与物理实体的交互与协同。目前，仿真协同分析技术主要用作视觉、听觉等呈现的接口针对物理实体进行智能监测、评估，从而实现指导和优化复杂装备的生产、实验及运维。

5. 安全互联技术

安全互联技术是指对数字孪生模型和数据的完整性、有效性和保密性进行安全防护、防篡改的技术。当前的研究包括对于数字孪生模型和数据管理系统可能遭受的攻击进行预测并获得最优防御策略，基于区块链技术组织确保孪生数据不可篡改、可追踪、可追溯等。

6. 高性能并行计算技术

高性能并行计算指通过优化数据结构、算法结构等提升数字孪生系统搭载的计算平台的计算性能、传输网络实时性、数字计算能力等。目前，基于云计算技术的平台通过按需使用与分布式共享的计算模式，能为数字孪生系统提供满足数字孪生计算、存储和运行需求的云计算资源和大数据中心。

本 章 小 结

本章简要介绍了虚拟现实技术基本概述、虚拟现实系统及分类、虚拟现实技术的发展历程和未来展望。除此之外，还介绍了一些热点概念，包括元宇宙和数字孪生技术。

通过本章的学习，读者应该对虚拟现实技术有了一个初步的了解与感性的认识，能回答出什么是虚拟现实技术以及虚拟现实技术的特点，并对 VR 领域出现的新进展有了一定的了解。希望大家继续深入地学习 VR 技术相关知识，为以后专业课的学习和实践打下坚实的基础。

思 考 题

1. 什么是虚拟现实技术？虚拟现实技术有什么特征？
2. 有哪些虚拟现实系统？
3. 简述虚拟现实技术的发展历程。
4. 晕动病产生的原因是什么？
5. 5G 技术为虚拟现实带来哪些影响？
6. 数字孪生的概念是什么？关键技术有哪些？

第 **2** 章

增强现实技术概述

增强现实（Augmented Reality, AR）技术是由虚拟现实技术发展而来的，这两种技术可谓同根同源，也涵盖了计算机视觉、图形学、图像处理、多传感器技术、显示技术、人机交互技术等。它们之间有许多相似之处和相关性。首先，两者都需要计算机生成相应的虚拟信息；其次，两者都要求用户使用头盔或类似的显示设备，使计算机生成的虚拟信息能够呈现给用户。此外，用户还需要通过相应的设备与计算机生成的虚拟信息进行实时交互。

增强现实
技术简介

2.1　增强现实技术简介

随着计算机图形学的发展，计算机图像与现实世界逐渐变得越来越难以区分，虚拟现实技术也越来越流行。然而，在游戏、电影和其他媒体中，计算机生成的图像与用户周围的物理环境是分离的，这是一个优势，但它也有自己的局限性和挑战。这种限制源于人们对现实世界的兴趣，而不是日常生活中的虚拟世界。智能手机和其他移动设备可以让用户随时随地获取大量信息，这些信息往往与现实世界分离。用户感兴趣的是访问来自真实世界的在线信息，或将在线信息与真实世界联系起来，但目前这只能单独和间接地完成，需要用户持续的认知努力。

在许多方面，增强移动计算使得与真实世界的关联自动发生，如基于位置的服务可以提供基于全球定位系统（Global Positioning System, GPS）的个人导航，条形码扫描仪可以帮助识别图书馆中的书籍或超市中的物品。然而，这些方法需要用户的特定操作，而且粒度相当粗糙。条形码可以用来识别书籍，但在户外旅行时不能用来识别山峰。与此同时，条形码无法帮助识别手表待修复的微小部件，更不用说在手术期间的解剖结构了。

增强现实能够在物理世界和电子信息之间创建直接、自动和可操作的链接，为电子增强的物理世界提供一个简单和直接的用户界面。回顾最近几个人机交互的里程碑（万维网和社交网络的出现以及移动设备革命），将用户界面比喻为一种范式转变，凸显了增强现实的巨大潜力。图 2.1 展示了增强现实技术的应用场景。

这一系列里程碑的轨迹是清晰的：在线信息的访问迅速增长促使大量消费者的产生，

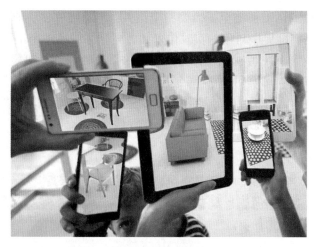

图 2.1　增强现实技术的应用场景

这些消费者被称为信息产生者，并能随时随地地进行相互交流，然而现实的物理世界难以与用户电子信息操作进行交互。在基于位置的计算和服务领域已经出现了许多技术进步，这有时被称为情境计算。即使如此，基于位置服务的用户界面仍然主要根植于桌面、应用程序和基于网络的使用范例。

增强现实技术可能会改变这一现状，并且这样做可以重新定义信息浏览和创作的方式。这种用户界面隐喻及其实现技术构成了计算机科学和应用开发中引人入胜和面向未来的领域之一。增强现实可以将计算机生成的信息叠加在真实世界的视图上，以惊人的新方式扩展人类的感知和认知。

虚拟现实将用户置于一个完全由计算机生成的环境中，而增强现实旨在将叠加到物理环境中的信息直接呈现出来。增强现实技术超越移动计算，在空间和认知上架起虚拟世界和现实世界的桥梁。通过增强现实技术，数字信息似乎成为现实世界的一部分，至少在用户的感知中是这样的。建造这座桥梁是一个雄心勃勃的目标，它需要大量计算机科学领域的知识，但可能会导致对 AR 的误解。例如，许多人认为在《侏罗纪公园》和《阿凡达》等电影中，虚拟和真实元素的视觉结合就像特效一样。虽然电影中使用的计算机图形技术也可以用于增强现实，但电影缺乏增强现实的一个关键特征——交互性。

被广泛接受的增强现实的定义是由 Azuma 在 1997 年的综述论文中提出的，他提出增强现实必须具有以下三个特征：虚实结合、实时交互和三维注册。这个定义不需要头戴式显示器等特定输出装置，也没有将 AR 限制到视觉媒体。尽管可能难以实现，但听觉、触觉，甚至嗅觉或味觉 AR 均包括在这些范围内，需要注意的是定义中强调了实时控制和空间注册，意味着对应的虚拟和真实信息的精确实时对准。这隐含着 AR 显示的用户至少可以执行某种交互式视点控制，并且显示器中计算机生成的增强内容将持续地注册到环境中的参考对象。

虽然实时的标准可能因个人、任务或应用程序而异，但交互性意味着人机界面在紧密耦合的反馈循环中操作。用户在 AR 场景中持续漫游，控制 AR 体验。系统通过跟踪用户的视角或姿势来识别用户的输入，将真实世界中的姿态用虚拟内容注册后，向用户呈现可视化情景，即注册在真实世界中的对象的可视化。

因此，一个完整的 AR 系统至少需要三个组件：跟踪组件、注册组件和可视化组件。跟踪组件用于确定真实世界中对象的实时位置和方向。注册组件用于使虚拟物体能够合并到真实世界的正确位置上。可视化组件为用户提供了额外的计算机生成信息。除此之外，还需要第四个组件——空间模型，它存储关于真实世界和虚拟世界的信息。跟踪组件需要一个真实世界的模型作为参考，以确定用户的真实世界位置。虚拟世界模型包含要增强的内容，空间模型的两个部分必须在同一坐标系中注册。

2.2　增强现实的核心技术

虚拟融合
显示技术

2.2.1　虚实融合显示技术

与传统的显示技术不同，增强现实的显示必须结合虚拟刺激和真实刺激，本节将讨论这种技术的显示设备。当我们开始讨论增强现实呈现时，首先考虑非视觉模式。虽然在音频增强方面有很多标志性的工作，但其他非视觉感官（触觉、嗅觉和味觉）在增强现实研究中得到的关注相对较少。总的来说，当前增强现实技术的重点和进展主要集中在视觉领域。

1. 视觉感知

人类的视觉是一个高度复杂的感觉器官，负责向大脑提供大约 70% 的感知信息输入。因此，增强现实技术主要专注于增强人类用户的视觉感知。在讨论这种视觉增强现实显示之前，让我们简要回顾一下人类视觉系统的重要特征。

人的双目组合视场角的水平跨度范围通常在 200°～220°，取决于头部的形状和眼睛的位置。视网膜中央凹（视觉最敏感的区域）仅覆盖 1°～2°，视觉灵敏度峰值在中心 0.5°～1°。在视网膜中央凹之外，视觉灵敏度随视角的增加而迅速下降。人类通过转动眼珠（最大范围为 50°）和头部来弥补这种影响。因此，高质量的增强现实需要能够在高视觉灵敏度区域提供足够分辨率的观察设备。

通过调节瞳孔直径，人类可以控制进入眼睛的光线量。这使人类能够适应的动态范围（最大与最小可感知光强度之比）高达 10^1%，以便在昏暗的星光和灿烂的阳光下观看。因此，一个真正多功能的增强现实显示器需要适应广泛的观看条件，增强显示器的视觉感知如图 2.2 所示。

双眼的使用意味着人类可以感知到双目深度线索。传统的计算机图形学技术可以将物体大小、线性透视、视场高度、遮挡、阴影和色差等单目深度线索编码在一幅图像中，而双目深度线索需要能够同时显示双目图像的显示硬件。最显著的双目深度线索是左右眼图像之间的视差。视差是一种传递场景深度信息的有效方法，特别是近距离物体。物体离眼睛越近，物体在两个图像平面上的投影角度的偏移或视差就越大。

图 2.2　增强显示器的视觉感知

2. 模型呈现

用户观看增强世界的过程可能涉及几个间接因素。观看体验可以通过相机访问和显示屏幕来进行调整。在增强现实中，一个标准的计算机图形流水线被用来创建叠加在真实世界上的叠加图像。该流水线独立于增强现实显示，包括模型变换、视图变换和投影变换。

- 模型变换：描述了三维局部对象坐标系与三维全局对象坐标系之间的关系，以及如何对现实世界中的对象进行定位。
- 视图变换：描述了三维全局坐标系与三维视图（观察者或摄像机）坐标系之间的关系。
- 投影变换：描述了三维视图坐标系与二维设备（屏幕）坐标系之间的关系。

投影变换通常是离线计算的，但可能需要随着视场角等摄像机内参的变化进行动态更新。其他转换可以是静态的，因此可以离线确定，或者必须通过跟踪更改是否在线发生来确定。

在增强现实场景中，如果用户想移动一个真实的物体，就需要跟踪物体，而静态物体的位置可以通过测量来确定，所以不需要跟踪。对象跟踪用于设置模型变换。如果用户只想增强被跟踪的对象（而不是未跟踪的静态对象），那么可以改变被跟踪的真实对象的视角，而不是给出一个明确的世界坐标系统。

由于涉及更多因素，确定视角变换可能更复杂。如果用户相对于显示器移动，则有必要进行头部跟踪甚至是眼动跟踪。如果监视器相对于真实世界移动，则需要对显示器进行跟踪。在使用视频透视图显示时也需要进行摄像头跟踪，原因是视频透视图显示可以让用户通过摄像头实现对真实世界的感知，而光学透视图显示可以让用户直接看到真实世界。尽管可以实现用户、显示器、摄像机和对象独立移动，但通常最多可以同时使用两个跟踪对象，系统仍然可以使用每种组件类型（用户、显示器、摄像机、对象）的多个实例。

3. 视觉显示

增强现实视觉显示技术涉及许多学科，如光的物理性质、光学和全息原理等。三维显示可分为立体显示（Stereoscopic Display）、全息显示（Holographic Display）、光场显示（Light Field Display）和体显示（Volumetric Display）。

立体显示系统向观众的眼睛发送独立的图像，是向观众呈现三维内容的最常见方式。双目近眼显示器自然地为用户的左眼和右眼提供了不同的图像。当使用显示器或大尺寸显示器（可能由投影仪驱动）时，可以采用不同的技术实现立体观看，如要求用户佩戴各种形式的主动百叶窗眼镜或被动滤光片（颜色、偏振或干涉滤光片）。无论左眼和右眼的图像是通过空间复用还是时间复用，通过同步滤波还是匹配滤波，最终的结果都是观众接收到与双目视点对应的图像。所谓的裸眼 3D 技术无须佩戴任何眼镜设备，它们直接在显示屏上或显示屏前面的分离通道上显示图像，该图像显示不同视点的不同观察区域，这些区域的距离小于眼睛的距离，因此，每只眼睛只能观察自己的透视图像，典型的产品包括视差光栅显示和柱面透镜显示。

在大多数情况下，立体显示设备依赖于固定焦平面的屏幕，有时立体显示系统要与其他成像方法相结合。实现三维显示的另一种方式是真正的体三维显示，即在三维空间成像，光线发射或反射到用户感知的三维物体的三维坐标上。

全息显示与光场显示是密切相关的显示类别，两者之间的界限有时很模糊。这两种方法都涉及记录（或生成）和回放，代表特定场景的光波的所有属性。理想情况下，观看一个实际的物理场景，在适当的照明条件下的全息记录与正确重建的光场体验之间几乎没有区别。但在实践中，每种技术仍有许多局限性。全息显示通常是由相干光（激光）照明产生和观看的。光场显示通常是由非相干光产生的。光场显示有多种形式，包括体积显示、多投影仪阵列显示和使用微透镜阵列的近眼显示。如图 2.3 所示是一种 AR 全息显示器。

图 2.3　AR 全息显示器

4. 多模态呈现

尽管增强现实通常被认为是将视觉信息叠加在用户对物理世界的感知之上，但其他感官模式也发挥着重要作用。人类对物理世界的体验本质上是多模态的，所以增强现实支持多种增强模式是有意义的。许多现代 AR 产品提供多感官输出，一些 AR 从业者甚至专注于特定的独立非视觉模式。事实上，一套完整的音频导览器或多媒体导览器已经可以为博物馆或其他场所的游客提供音频信息。音频增强现实已经发展了很长一段时间，但 AR 行业也在探索可触摸等其他模态的增强现实技术。

1）听觉呈现

早在 20 世纪 50 年代初期就已经出现了博物馆语音导览系统。很长一段时间以来，这些语音向导为用户提供了单一的、非个性化的体验。例如，许多室内和室外景点都配备了电子多媒体导游器，游客可以租用或提供资源，也可以下载到自己的智能手机上。这些设备通常具有位置触发技术，可以在景点周围提供点播音频服务。

2）触觉呈现

在现实世界中，与物理对象的交互通常是通过触摸来实现的。增强现实可以通过特定的物理对象提供被动的触觉反馈（触觉增强现实）来实现，也可以通过专门的仪器合成和重现可靠的触觉。在缺乏具有适当属性的物理对象的情况下，很难提供真正的触摸。虽然在虚拟环境中对触觉反馈技术进行了大量的研究，但到目前为止，在增强现实环境中的成功应用还很少。增强现实，特别是移动增强现实的应用，需要无障碍的触觉表现技术。笨重的固定式力反馈装置只能覆盖相对较小的工作空间，这使得普通用户不愿意在日常工作中佩戴像机器人外骨骼这样的可见力反馈装置。

3）嗅觉和味觉呈现

包括气味模拟的多感官刺激协调的研究可以追溯到 1962 年 Morton Heilig 的 SENSORAMA 模拟器。他搭建了一个独立的电影播放装置，并在接下来的几十年里进行不断的完善。该设备可以提供三维立体视觉体验，包括立体声、风和气味。感官协同刺激是 Heilig 思维的核心，也是多模态增强现实体验的核心，"这是微风、气味、视觉图像和立体声的协同作用，为观察者的感官提供所需的感官刺激""它提供了一种方法，可以在需要时通过微小的振动或颠簸来模拟运动，同时模拟实际的冲击效果"。

让香气在空气中自然地、可控地释放并不容易。SENSORAMA 模拟器只是通过向观众吹来的气流释放香气，而 2006 年由 Nakaizumi 研发的 SpotScents 系统则利用的是有香味的空气涡旋。通过协调两个气味释放器的空气喷嘴，使两个空中涡流在目标位置碰撞，导致破裂释放气味，该系统避免了对用户不自然的强气流的影响。在屏幕的四个角落有风扇，耦合的屏幕为坐在二维屏幕前的用户提供香味。2014 年，SensaBubble 公司研制了一种沿着特定路径包裹在特定大小的气泡中的气味雾。气泡被跟踪，并通过投影图像增强视觉效果。这种视觉增强效果会持续到气泡破裂，这时气味就会释放出来。所有这些案例都有外部嗅觉存在，气味来自一个固定的环境位置。

2011 年，Narumi 开发了几款 MetaCookie 产品，通过烙铁和商用的食品绘图仪及可食用墨水，分别在饼干表面绘制了增强现实标志。应用嗅觉呈现和视觉增强现实显示打造不同风味的曲奇饼干。如图 2.4 所示，MetaCookie 由一个嗅觉呈现装置和一个普通曲奇饼干的视觉增强相结合，模拟某款饼干口味的感觉。

图 2.4 MetaCookie 系统显示不同风味的曲奇饼干

2.2.2 标定与注册技术

标定与注册技术

在使用跟踪系统时，首先要掌握多坐标系统。为了保证虚拟对象能够正确叠加在被跟

踪的真实对象上，需要实现多个坐标系之间的协调，这个过程称为注册，被跟踪的姿态信息被转换为渲染应用程序的坐标系。为了将渲染摄像机与被跟踪的显示器对准，同样需要进行注册。

增强现实中的注册指的是对组件的标定。本小节首先分析了摄像机内部参考和镜头畸变的标定方法，然后分别讨论了在没有和有辅助指向装置的情况下光学透视头戴式显示器的标定。

1. 摄像机标定

1）摄像机内参

假定有一组已知参考物体的 2D-3D 点对集合，该参考物体被称为标定靶。使用最广泛的标定靶类型是棋盘格或者点阵构成的矩形网格，其原因在于在这样的图案中可以很容易地将间隔规律的点提取出来。与单应性估计不同，三维点不需要共面，可以通过两个标定目标的正交对准或同一标定目标不同角度的多个镜头进行标定。如图 2.5 所示，对于包含已知尺寸的规则网格点的标定图案，不少于两幅图像就能满足执行摄像机内参标定算法的要求。

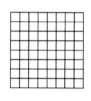 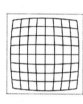 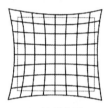

(a) 正常图像　　　　(b) 桶形失真　　　　(c) 枕形失真

图 2.5　标定图案

2）校正镜头畸变

摄像机的镜头是不完美的，它不能用针孔模型来表示足够精确的镜头。如果出厂校准时未将畸变校正固定到固件中，则必须在使用过程中进行镜头畸变校正。在考虑透镜畸变时，有必要区分径向畸变和切向畸变。径向畸变会根据与镜头中心的距离扩大或压缩图像，从而产生枕形或桶形失真。切向畸变将像点沿切线移动到围绕镜头中心的圆上。值得注意的是，这些失真效应在图像中不一定是对称的，这是因为传感器的中心可能与镜头的中心无法对齐。一般情况下，径向畸变需要补偿，而切向畸变较小，往往可以忽略。图 2.6（a）为失真视频图像，其镜头畸变在弯曲的门和门框处清晰可见。图 2.6（b）为校正过的视频图像，使用了通过镜头畸变标定获得的纹理映射参数。

(a) 失真视频图像　　　　　　　　(b) 校正过的视频图像

图 2.6　镜头畸变对比

2. 显示器标定

对增强现实系统的完整标定，不仅包括输入端标定，还包括输出端标定，即显示器标定。基于已知的摄像机内外参数，完全有可能将注册的增强现实叠加信息呈现在视频透视显示上。

对于光学透视显示，需要将摄像机跟踪改为头部跟踪，以确定增强现实叠加信息的配准。头部跟踪可以从外到内完成，例如，将摄像头连接到头戴式显示器上。然而，头部跟踪本身并不能决定每只眼睛相对于头戴式显示器的位置。由于头戴式显示器将显示器放置在离眼睛非常近的位置，因此有必要准确标定出人眼—显示器的转换关系。假设转换是静态的，可以通过佩戴头戴式显示器进行校准。这一假设是有效的，只是在校准过程中，头戴式显示器相对于头部没有显著调整。

由于用户只能在光学透视显示上看到合成图像，因此不再使用常用的基于图像的标定方法，需要将用户置于整个标定回路中。在校准过程中，系统会显示一个校准模式，用户需要将物理环境中的特定结构与校准模式匹配。这个步骤可以采取不同的形式，每一种形式都给用户不同的自由度。常用的标定法包括单点主动对准法、使用指向装置的头戴式显示器标定、手—眼标定法等。

3. 注册技术

系统各部件之间复杂的相互作用表明有许多潜在的误差源影响配准，需要区分静态误差（影响精度）和动态误差（影响精度）。静态误差的校正主要是通过改进校准，即消除测量和参考系之间的所有不匹配来实现。主要未解决的静态误差源是跟踪系统测量数据的系统非线性误差。由于静态标定无法解决这一问题，动态误差的影响更为严重。一般情况下，误差的评估需要考虑几何测量失真、误差传播和延迟，通过滤波传感器数据进行平滑是消除误差的常用方法。

2.2.3 人机交互技术

人机交互技术

1. 输出模态

增强现实交互的效果只能通过最终的增强来体现，增强现实提供了多种方式向用户呈现增强信息，并随交互方式的不同而变化。

1）增强放置

注册对象为增强信息提供了一个参考框架。为了便于用户直观地理解参照系，增强信息通常被放置在物体上或物体附近。当然，增强的信息可以放置在自由空间的任何地方，但在大多数情况下，实物支持的虚拟物体更容易让用户理解。最简单的场景是放置在水平面上，比如桌面。水平表面可以通过二维平面内容增强，也可以用作虚拟三维物体的支撑面。同样，虚拟对象可以放置在垂直平面上，以模拟肖像或挂在墙上的对象。如图 2.7 所示，增强信息可以被放置在相对于用

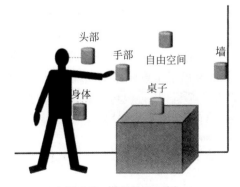

图 2.7 增强放置示例

广头部和身体的某个位置，或相对于环境的某个位置。

2）灵巧显示

增强现实体验设计师必须考虑给定的显示器可以覆盖环境的哪一部分，而移动显示器可以由用户携带或佩戴，从而提供最大的灵活性。使用广角投影仪或覆盖感兴趣的每个表面的投影仪阵列可以构建具有广泛覆盖的固定显示器。

该静态投影仪阵列的优点是，任何数量的用户都可以直接查看增强的信息而不受阻碍。此外，这种阵列可以扩展到投影摄像机系统，使用摄像机和投影机的重叠视场角度，摄像机系统结合了数百万像素的密集输入和密集输出。该摄像机可以用于由投影仪投射的结构光照亮的场景，或与深度传感器相结合。在这两种情况下，自适应投影系统对用户的移动和环境的变化做出响应。然而，投影增强技术受到物理表面的限制，不能为多个用户生成个性化的体验。同时，投影也需要在环境中进行修改，在室外日光条件下效果不佳。

移动显示器，如头戴式显示器和手持式显示器，比投影仪更经济，并具有为多个用户提供个性化体验的优势。透明的头戴式显示器通常为用户提供一个单一的（增强的）环境视图，而手持显示器为用户提供一个增强的环境备份。这种模式有利有弊。手持显示器对用户来说是一个障碍，由于显示器的尺寸只能覆盖用户视野的一小部分，用户必须将他们的注意力分散在真实世界和虚拟图像之间。手持设备通过提供额外的输入通道可以在一定程度上弥补这种不足。用户可以用一只手在独立于眼睛的方向移动显示器，另一只手通过设备的触摸屏进行操作。这些输入能力在一定程度上弥补了用户在其他活动中使用双手的局限性。

另外一种显示模式是用智能投影仪构建的，结合上述显示模式，投影图像的位置可以随时间变化。显微投影仪是一种手持设备，可以像手电筒一样使用。安装在肩膀上的投影仪可以解放用户的双手，增强用户面前的物体。头戴式投影机可以执行类似的操作，同时始终向用户主要视图的相同方向投影。通过将这种工作原理与环境中的反射表面相结合，可以实现高对比度。遗憾的是，目前电池供电的投影机只能产生低对比度的图像，而有线投影机显然不适合严格的移动操作，如图2.8所示。

3）魔镜

使用头戴式显示器的优点是，它不会占用用户的双手，同时通过跟踪用户的视线方向，自然地确定用户的焦点。遗憾的是，持续启用增强可能会受混乱的环境影响，用户至少需要一种易于使用的方式来打开和关闭增强。

使用手持式显示器浏览会导致略微不同的使用模式：手持式显示器成为一个物理魔镜，允许用户查看他们真实环境的变化（增强）版本。通过直接看现实世界和看屏幕之间的切换，用户可以选择是否需要增强——这个选择必须通过头戴式显示器来明确控制。图2.9展示了魔镜让用户观察到人体的骨骼结构。

当然，魔镜也可以通过头戴式显示器来实现。一个流行的解决方案是通过物理剪切板或者物理棱镜等被跟踪的被动道具来代表魔镜。在这种情况下，用户不能在魔镜之外看到非增强对焦区域。

2. 输入模态

通常情况下，用户在佩戴头戴式显示器后，通过移动头部不断改变视角或增强焦点区域，这种形式的互动是大多数增强现实体验的组成部分。但是，如果想要超越增强浏览，

(a) 增强现实头戴式显示器

(b) 手持式增强现实显示器

(c) 投影式增强现实显示

图 2.8 三种类型的增强显示

使用户成为被动的观察者，则必须考虑适当的输入设备和方法。增强现实可以从各种为虚拟现实和自然用户界面开发的技术中选择。自然用户界面是一个涵盖性术语，指的是超越经典桌面的用户界面，特别是包括手势和触摸。如图 2.10 所示，Pinch 手套可以检测用户是否将指尖捏合在一起并将手势解译为选择指令。

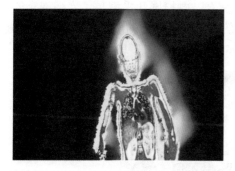

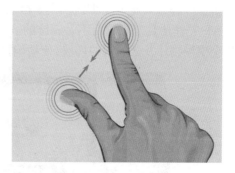

图 2.9 魔镜让用户观察到人体的骨骼结构

图 2.10 Pinch 手套检测

1）人体跟踪

人体运动捕捉通常通过骨骼跟踪来完成，因为捕捉人体骨骼中每个骨骼的位置对于大多数交互式应用来说已经足够了。考虑到可能的骨骼结构受到结构的极大限制，追踪骨骼比追踪整个人体更容易。对于某些应用程序，只跟踪身体的相关部分，如头部、手臂或手。其中，手部跟踪尤为重要，可以看作骨骼跟踪的一个特例。一般来说，手和手指都有

20° 以上的自由度,人的手也可以进行非常精确和精细的操作。图2.11展示了AR手部跟踪。

2）手势跟踪与识别

手势交互是人体和手部跟踪的一个重要应用场景。早期的研究集中于姿势,即人体或手的静态姿势,如字母,这样的手势在人们日常的自然互动中很少使用。现在,随着计算性能的提高,使检测运动物体的动态姿态成为可能,动态手势具有提供定量和定性输入的优势。手势语言可以表达丰富的信息,但与传统的基于菜单栏的交互界面相比,需要更多的学习,手势使用不方便,记忆困难。来自用户身体的自遮挡将影响可靠的手势识别系统的应用。图2.12展示了采用两只手的取景器手势。

图 2.11　AR 手部跟踪

图 2.12　采用两只手的取景器手势

3）触控输入

自由空间手势的准确性经常因缺乏身体支持而受到干扰,从而妨碍了精细的操作。由于人类有良好的触觉,因此有必要在提供被动触觉反馈的同时,构建触摸界面（能够感知触觉的表面）。早期的触摸解决方案只能识别表面上的单个点,但今天的表面交互受益于多点触摸检测。小的触摸表面使用电容传感,而大的显示器通常使用光学方法,如全内反射。

触摸表面通常与显示器结合在一起形成触摸屏,将输入和输出整合到同一个自然空间中。由于屏幕可以显示注册到触摸手指上的任何交互,触摸屏几乎满足了增强现实的所有要求,只是注册是二维的而不是三维的。触摸屏的一个众所周知的问题是"胖手指问题":手指会模糊物体及其周围的环境,使精确操作物体变得困难。图2.13展示了AR触控输入。

图 2.13　AR 触控输入

4）基于物理的输入界面

基于物理的输入界面通过计算机游戏中的商业仿真软件实现了虚拟物体和真实物体之间的交互。它不需要非常精确的模拟，所以计算更为轻量。然而，与实现视觉一致性类似，代表现实世界的幻影几何也需要实现物理一致性。

3. 有形界面

增强现实和虚拟现实的一个重要区别是，增强现实用户可以自然地与环境中的物理对象进行交互。这种真实世界的交互是直接和方便的，可以很容易地被用来影响增强现实体验。因此，与虚拟世界的交互变得具有触感。有形用户界面最初是由 Fitzmaurice 等人作为普及计算机的一种形式提出的。用户周围的日常物品可以通过改变或感应转化为计算机的输入或输出设备。增强现实将用户周围的物理世界结合到交互中，因此与物理用户界面绑定在一起。当用户操作被跟踪的增强物理对象时，所产生的就是有形的增强现实。

1）有形表面

在大幅面触摸屏出现之前，使用桌面显示器的有形对象是一种主流的方法。这些桌面形式的显示器通常配有投影机—摄像机系统，用于物体检测、跟踪甚至重建。将投影机—摄像机系统放置在桌子下面，可以隐藏系统，同时避免了用户站在投影机—摄像机单元和桌面之间造成的遮挡问题。只要有跟踪系统，就可以使用大屏幕或头戴式显示器。

2）通用有形物体

早期的有形增强现实使用各种方形标志板作为有形对象。标志板被放置在桌面上，其配置与上一节讨论的桌面上放置的有形物体相似。标志板可拾取跟踪，并具备360°自由度跟踪。当只使用单个摄像机时，只会跟踪视场内的标志板。一些设计使用挂毯或桌布标志作为全局参考坐标。因为标记在挂毯上的位置是已知的，所以对单个标记的观察可以用来确定整体姿态。具有一般形状的方形符号必须具有向用户传递信息的模式。此外，还必须具有适用于直接操作的多个自由度。因此，这种设置有各种各样的创造性用途。图2.14展示了 AR 有形增强现实。

图 2.14　AR 有形增强现实

3）特定有形物体

通用有形对象可以支持创造性的解释，但如果有形对象具有可立即识别和表明目的的有意义的形状，那么有形界面也可以具有额外的表达能力。物理物体的形状可以像球拍或手电筒这样的工具，也可以像平板电脑、书或盒子这样的容器。

4）透明有形物体

物理对象及其下的表面往往构成一个焦点区域和上下文关系，这对界面设计很重要。为了充分利用这种关系，需要在有形物体和表面上显示增强的信息。如果不想使用头戴式和手持式显示器，而是想让用户不受束缚，则这种增强可以通过投影机实现。遗憾的是，只使用一个投影机是不够的。当从上方投射时，可见物体会遮挡表面，而内置显示器的表面不会增强可见物体。

4. 真实表面上的虚拟用户界面

将虚拟触摸设备放在平板电脑或台式计算机等真实的表面上，是一种为增强现实体验添加复杂界面的便捷方式。桌面应用程序或移动用户界面中的现有解决方案可以重用，而且大多数用户都熟悉这些界面的操作。如图 2.15 所示，OmniTouch 系统使用投影机和深度摄像机将用户的手转换为触摸屏。

图 2.15 OmniTouch 系统

5. 增强纸

纸是人们日常生活中重要的人工制品。虽然桌面计算范式可以在一定程度上模拟类似纸张的文件，但通常是分离处理纸质和数字文本的。1993 年，Wellner 提出了物理和虚拟文本管理的结合，并引入了 DigitalDesk 系统来实现这一目标。DigitalDesk 由一个配备了项目摄像头系统的桌面组成，摄像头可以在该系统上放置和捕捉物理文件，而投影机通过附加的虚拟文本增强了桌面。用户可以使用手指或笔来控制 DigitalDesk，而头顶上的摄像头可以跟踪这些手指或笔。该命令系统可以通过字符识别读取文本或数字，并从物理文本中捕获图像。例如，用户可以指着一个手写的数字，然后将其移动到数字计算器上进行进一步的处理。

在日常工作和生活中使用的另一种常见的纸制品是地图。例如，这样的系统可以在命令和控制场景中使用：动态信息可以直接覆盖在地图上，同时允许显示地理嵌入信息和界面控件。增强地图可以处理多个同步地图，并提供额外的工具与地图内容交互。通过放置一张按位置跟踪的空白卡片，可以在地图上指向一个特定的位置。该系统可以利用卡片上的空白处投影用户所指向的位置拍摄的照片等信息。一种更为通用的工具是基于一台由头顶摄像机跟踪的小型手持计算机，它通过触摸屏操作手持计算机，并提供一个任意用户界面，可以象征性地与手持计算机指向的地图上的对象进行交互。为了实现完全动态的用户界面，用户界面代码通过无线网络发送到手持计算机进行动态解释。

6. 多视界面

通过正确的设置，可以同时增强多个位置，而不仅仅是顺序增强。这个方案可以强化用户是响应环境的一部分的印象，或者它可以简单地用于一次性显示更多的信息。

1）多显示焦点与上下文

当多显示器功能互补时，与增强现实应用特别相关。例如，二维显示可以与三维显示相结合，小型高分辨率显示可以与大型低分辨率显示相结合，移动显示可以与固定显示相结合。这种互补显示通常在同一位置成对出现，以提供焦点和上下文信息。

2）共享空间

在可视化领域中，协同多视点是指将多个视点以相邻或重叠的方式排列，同时呈现出同步的视觉表达的一种方法。例如，如果用户从字母顺序视图中选择了一个城市，相应的地理位置就可以在地图视图中突出，反之亦然。

3）多位置

多位置界面和共享空间之间的区别是，多位置界面在多个显示器之间不使用统一的三维坐标系统。相反，虚拟对象可以出现在每个监视器上的不同位置。这种类型的系统对于将增强功能注册到特定的物理对象不是很有用，但是对于仅呈现虚拟对象或增强一般的有形对象提供了很大的灵活性。多位置的另一个用途是将以外部为中心和以自我为中心的视图组合成一个虚拟景观。这种组合在焦点＋上下文显示中很有用，但不能在共享空间中轻松导航，因为用户的任何移动都会同时改变两种观点。将多个视图解耦到不同的区域可以解决这个问题。

当然，如果用户选择，任意两个位置都可以形成一个共享空间。随着时间的推移更改位置关联允许用户在共享空间中使用空间注册信息，然后可以将这些信息从共享空间中分离出来，以便在移动或其他位置中使用。

4）跨视图交互

依赖于协作多视图原则的方法是隐式同步的，其中一个视图的更新会立即改变所有其他视图。相反，交叉视图交互提供显式的同步。例如，用户可以从一个视图拖放项目到另一个视图。

跨视图交互概念最早由 Rekimoto 在 1997 年提出，并将其命名为传统 2D 显示和输入设备的"拾取—放下"，用于传统的二维显示器和输入设备。空间显示器，特别是移动显示器的出现允许在跨视图交互期间获得更好的视觉反馈，其原因在于移动显示器可以显示交互过程中被拖动物体的视觉表示。例如，增强表面允许用户将对象移动到笔记本、桌面或墙面显示器等相邻的显示器上。

7. 触力觉交互

触觉显示器昂贵且易碎，因此在虚拟对象中添加触觉反馈仍然是一个具有挑战性的问

题。最常见的触觉显示器是带有末端执行器的手臂，可以连接到指尖或触控笔上。在增强现实中使用触摸感应显示器的主要问题是，显示器会阻碍视场中的其他真实物体。光学透视将虚拟物体半透明地叠加在用户对真实世界的感知上。只有当虚拟场景很有趣，并且现实世界的灯光被调整到只有用户的手（而不是触觉显示）被照亮时，才会起作用。

视频透明显示器提供了另一种基于消除现实的解决方案，用任意的视觉内容取代被触觉设备掩盖的像素。用户的手或其他真实物体可以从过度渲染中分割和移除，触摸设备本身可以通过色度键控或跟踪设备本身来检测。如图 2.16 所示，触力觉增强现实允许用户在虚拟方块上进行操作，由触力觉臂提供力反馈。

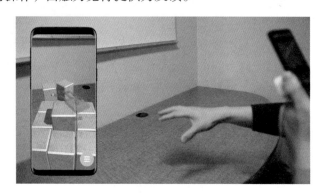

图 2.16　触力觉增强现实实例

8. 多模态交互

人类实际上是同时使用感官和能力，所以现代的计算机界面将多种形式的输入或输出组合成多模式交互。除了键盘和鼠标，最常用的输入设备是语音、手势、触摸、凝视、头部方向和身体动作。其他形式的互动有钢笔输入或使用触觉。多模态界面的一个关键思想是通过同时使用多个感知通道来补充不同的技术，但最终成功解读多模态输入需要各种输入通道的适当组合和相互消除歧义，即动作完全定义为多个输入通道的联合解释。

9. 虚拟人

人类有着十分丰富的交流工具，包括语言、手势、眼神交流等。虚拟人的设计是为了利用人类的交流特性，使交互界面更高效。虚拟人（有时称为动画代理、具身代理或接口代理）必须具有视觉表示和某种程度的自主智能。在这种情况下，智能意味着代理能够感知环境并对环境采取行动，能够独立于用户和环境决定自己的行为。

虚拟人经常被用来填充虚拟世界，这在计算机游戏中也很常见。增强现实研究人员最感兴趣的是将动画角色与多模态输入和输出相结合。通过这种策略，虚拟人可以分析传感器数据以获取信息，并提供音频和视频输出。特别是身体姿势、手势分析和语音识别经常被用于驱动代理的模拟感知。使用语音作为交互手段时的底层机制称为具身会话代理。

动画代理作为增强现实界面的相关性来自具身虚拟人对人类用户的特殊需求。增强现实应用程序可以通过将代理放置在只有人类用户存在的真实世界环境中，创造一种"陪伴"的感觉。尽管人类知道这种体验是由计算机生成的，但他们似乎仍然会对这种类型的界面做出积极的反应。图 2.17 展示了 AR 虚拟机器人。

图 2.17　AR 虚拟机器人

2.3　增强现实的应用领域

增强现实
应用领域
介绍

　　基于 AR 技术成功应用的早期案例，本节首先介绍了工业、建设、维护、培训以及在医学领域的应用，其次重点讨论了个人移动领域的应用，包括个人信息显示和导航支持，最后介绍了 AR 如何通过增强媒体渠道（如电视、网商和游戏等）来支持广大受众的案例。

2.3.1　虚实融合显示

1. 在工业和建筑业领域

　　正如在 AR 概述中提到的，激发 AR 应用的第一个实际案例是工业领域的应用，包括波音公司的线束组装和早期的维护、维修。

　　工业设施日益复杂，虽然可以使用计算机辅助设计（Computer Aided Design，CAD）软件来规划和设计建筑结构、基础设施和仪器仪表，但 CAD 通常涉及多次修改，而这些修改通常不会反映在 CAD 模型中。此外，在引入 CAD 之前，可能存在大量的现有结构，以及需要在工厂中连续安装新产品。此时，计划人员希望能够将"计划"与设施的"现状"进行比较，以确定任何关键偏差。他们还想要一个用于规划、改造物流流程设施的当前模型。

　　传统上，这些模型是通过 3D 扫描仪以及非现场数据集成和比较来实现的。然而，这个过程很烦琐，会生成点云的底层模型。AR 不是将现场设施输入 CAD 模型中，而是将 CAD 模型与现场设施相结合，使现场检查成为可能。例如，静止帧 AR 技术可以从单个图像的透视线索中提取摄像机的姿势，并融合显示配准的透明渲染 CAD 模型。

公用事业依靠地理信息系统（Geographic Information System，GIS）管理地下基础设施，如通信线路和天然气管道。在很多情况下，需要知道地下管道的确切位置。例如，施工管理人员在法律上有义务获取有关地下基础设施的信息，以避免在开挖过程中受到任何损害。寻找停电的原因或更新过时的 GIS 信息通常也需要进行现场检查。在所有这些情况下，呈现从 GIS 导出的 AR 视图并直接注册到目标位置，可以显著提高户外工作的准确性和速度。如图 2.18 所示，AR 可用于工业设施的差异分析，图像显示了融合显示 CAD 信息的静止帧。

图 2.18　AR 用于工业设施的差异分析

装有摄像机的微型飞行器（无人机）越来越多地用于建筑工地的空中检查和重建。这些无人机有一定程度的自主飞行控制，但总是需要操作人员来操作它们。AR 可以用来定位无人机，监控飞行参数，如位置、高度或速度，并提醒操作员可能发生的碰撞。图 2.19 展示了 AR 融合指挥调度系统。

图 2.19　AR 融合指挥调度系统

2. 维修和培训

了解设备是如何工作的，学习如何组装、拆卸或修理设备是许多职业面临的重要挑战。

由于通常不可能详细记住所有步骤，维护工程师经常花费大量时间研究手册和文档。增强现实技术可以将指令直接叠加在维修人员的视野上，这可以提供更有效的培训，更重要的是，它可以让培训较少的人员正确地执行任务。如图 2.20 所示，AR 可以自动叠加在维修人员视野中的指令。

图 2.20　AR 在维修中的应用

3. 医疗

X 射线成像的使用使医生无须手术就能透视患者的身体，从而彻底改变了诊断方法。传统的 X 射线和计算机断层摄影设备分离了患者的内部和外部视图。而 AR 整合了这些视图，让医生可以直接看到患者的内部，并根据需要在内部和外部视图之间进行切换或融合。图 2.21 展示了 AR 在医疗手术中的应用。

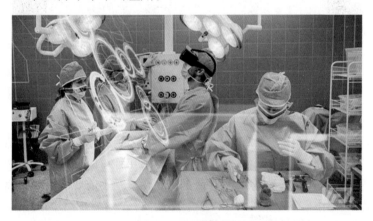

图 2.21　AR 医疗手术

4. 个人信息显示

智能手机上已经有各种各样的增强现实浏览器应用程序，旨在提供用户环境中感兴趣点的相关信息，叠加在摄像机的实时视频上。兴趣点可以通过地理坐标给出，再通过手机传感器（GPS、罗盘读数）或图像确定。之前由于手机硬件的局限，AR 浏览器存在一定的缺陷,包括可能较差的 GPS 精度和增强的能力,只能瞄准单个点,而不是整个物体。然而,随着智能手机数量的爆炸式增长和智能手机软硬件的发展,这些已经成为每个人都可以使用的应用程序,而且由于 AR 浏览器内置的社交网络功能,它们的用户数量也在不断增长。AR 浏览器如图 2.22 所示。

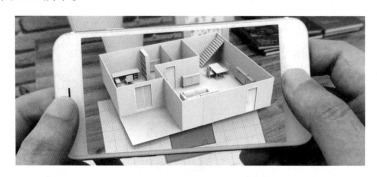

图 2.22　AR 浏览器

另一个使用 AR 浏览器的显著例子是外语的同步翻译,这可以通过谷歌 AR 实时翻译程序获得。如图 2.23 所示,用户只需选择目标语言,然后将摄像机对准打印出来的文本,翻译结果就会叠加在图像上。

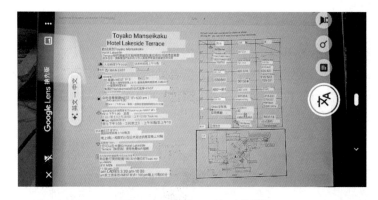

图 2.23　谷歌 AR 实时翻译

5. 导航

平视导航的概念首先出现在军用飞机的操作中,因为它不会干扰高速行驶车辆的驾驶员的前向环境。自 20 世纪 70 年代以来,已经出现了几种可以安装在飞行员头盔面罩上的荧光显示器。这些设备通常被称为平视显示器,旨在显示不需要配准的信息,如当前的速度或扭矩,但也可以用于某些形式的 AR 显示。然而,由于它们不同的人体工程学分析和定价系统,军事技术通常不直接适用于消费市场。利用改进后的地理信息,AR 技术已经可以将更大的结构(如道路网络)融合到车载导航系统中。如图 2.24 所示,AR 导航融合显示了前方道路的透视图。

图 2.25 展示了一个自动泊车辅助系统,该系统将一个图形可视化的汽车轨迹覆盖在后置摄像头的视图上。

图 2.24 AR 导航系统

图 2.25 AR 自动泊车辅助系统

2.3.2 数字媒体

1. 电视

许多人第一次接触到增强现实技术可能是通过电视向他们的家里发送实时摄像机镜头注释。图 2.26 展示了增强的电视转播橄榄球比赛。在这个典型的 AR 应用程序中，观众无法改变他们的观察视点。假设运动场上的实时运动被跟踪摄像机捕捉到，即使没有终端观看者的控制，交互视角的改变也是可能的。类似的技术使得在虚拟的演播室里展示主持人和其他演员成为可能，事实上，这在今天的电视广播中是司空见惯的。该应用程序中的摄像头可以在绿色屏幕前捕捉到主持人，并接入虚拟渲染工作室，甚至可以对虚拟道具进行交互式操作。

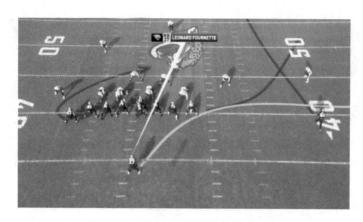

图 2.26　增强的电视转播橄榄球比赛

2. 广告和商务

增强现实技术能够立即将产品的任意三维视图呈现给潜在买家，这个特性在广告和商业领域越来越受欢迎。这项技术可以为消费者创造真正的互动体验。例如，乐高商店的顾客可以通过指向 AR 亭的玩具包装盒来观察组装好的乐高模型的 3D 图像，并通过旋转玩具包装盒选择最佳视点。增强现实技术的一个明显应用是增强传单或杂志等印刷品的效果。例如，《哈利·波特》（*Harry Potter*）的读者已经看到，《预言家日报》（*Daily Prophet*）上的图片是如何通过在印刷模板的特定部分上叠加数字电影和动画来改变的。在计算机或智能手机上看杂志时，静止的图像将被动画或电影取代。图 2.27 展示了 AR 印刷出版物。

图 2.27　AR 印刷出版物

AR 还可以用来帮助销售人员演示产品的优点。特别是对于复杂的设备，单凭语言是很难解释其内部操作的。通过让潜在客户观看动画，可以在贸易展览和展示厅进行更有吸引力的演示。以 Pictofit 为例，它是一款虚拟试衣间应用，用户可以通过它预览网上时装店的服装。这种衣服会根据穿着者的尺寸自动调整，而预计的体型可以用来输入购买数据。图 2.28 展示了 AR 虚拟试衣。

图 2.28　AR 虚拟试衣

2.3.3　数字娱乐与社交

1. 游戏

《一起来捉妖》是腾讯公司研发的首款 AR 探索手游，游戏以"捉妖"为核心玩法，玩家可以通过 AR 功能抓捕身边的妖灵，对它们进行培养，完成游戏中对战、展示、交易等功能。

传统游戏的一个重要特征是它们的可触碰性。孩子们可以把整个房间变成游乐场，把家具变成支持跳跃和躲藏等体育活动的道具。相比之下，电子游戏往往局限于纯粹的虚拟领域。增强现实技术可以将数字游戏与真实环境结合起来，如图 2.29 所示，AR 可以通过扫描真实环境并将其变成游戏场景。

图 2.29　AR 游戏——《马里奥赛车》

2. 戏剧媒介

增强现实应该从一种技术能力发展为一种叙事戏剧性媒体。因此，增强现实应该以适当的媒体形式来表述。媒体形式可以被认为是一组惯例和设计元素，作者和开发者可以通过它们为目标用户创造有意义的体验。新媒体本身没有媒介形式，因此其惯例和实践必须

随着它的使用而改变。

比如在考虑来自自由摄像机控制的叙事焦点问题时，用户必须主动将摄像机对准角色或对象，这对于故事的进一步发展非常重要。在计算机游戏中，第一人称镜头控制经常被"剪辑场景"中的脚本镜头控制所取代，这是故事的非互动部分。与游戏不同，增强现实系统不能取代用户对摄像机的控制。这很可能会得出一个令人惊讶的结论，即增强现实体验可能更像戏剧舞台或交互式博物馆，而不是电影或游戏。

3. 社交计算平台

除了作为一种可视化工具或戏剧媒介，增强现实还可以是一种交流工具，它与万维网有很多共同之处，从被动消费者的经典信息系统演变成通用的应用平台，更重要的是，这个社交计算平台将数十亿人连接在一起。然而，特别是提出的元宇宙概念使 AR 应用不仅仅是传统的社交网络概念，因为 AR 内容不仅依赖于粗略的地理位置，而且与精确指定的位置有关，例如，包括特定的人、特定的对象或对象的特定部分。高级形式的元信息对于用户从大量数据中搜索有用的信息是必要的。

增强现
实的发
展前沿

2.4　增强现实的发展前沿

当前正值信息时代快速发展阶段，最初用来预测集成电路中晶体管的数量以指数形式增长的摩尔定律在信息技术的整体发展中也引领了类似的增长。信息技术使日常生活发生的第一次重大变化发生在 20 世纪 80 年代，当时办公室工作从模拟转向了数字。20 世纪 90 年代以来，人们日常生活的许多领域，包括语音交流、电子邮件、摄影和音乐欣赏，正在通过信息技术和互联网发生不可逆转的变化。在那之后的几年里，社会计算、移动计算和云计算使得信息的获取更加普及。

Weiser 对普适计算的描述在一定程度上预见了这种发展。Weiser 在 1991 年第一次阐述今后每个人会有很多台计算机，这在当时似乎是遥不可及的。现在，不仅仅是专业人士，很多人在旅行时都会随身携带许多不同的设备，而且将这些设备与现有的基础设施集成起来变得越来越容易，比如 Wi-Fi 热点、大屏幕的无线显示连接或共享显示，甚至超市收银台。但是今天的普适计算不仅仅是 Weiser 所预言的安静计算。相反，智能手机上的应用有时会涉及人们生活的许多方面，是一款适用于所有领域的应用，这一现实正变得越来越令人不安。

增强现实是一个很有前景的解决方案。它可以连续使用，包括多种显示器，如头戴式、可穿戴式或空间增强现实显示器。如今，它主要用于娱乐相关领域，如游戏和广告。与此同时，在这些应用程序之外，大量的商业投资也被用于开发新的虚拟现实和增强现实技术。

2.4.1　增强现实软硬件发展趋势

显然，移动计算是增强现实的关键实现技术，在移动中使用智能手机等移动设备的基本计算能力。但智能手机是多用途设备，必须在尺寸、重量、功耗和成本等方面做出难以忽视的权衡。由于与其他更基本的需求相冲突，许多技术上可行的功能在实际设备中是不可能实现的。例如，增加传感器不会对电池寿命产生太大的影响，所以在集成新的传感器时，需要调整它们的功率水平。其他产品决策是由成本驱动的，如果需求明显，则更容易改变。例如，目前智能手机只有一个摄像头处理器，不能同时提供前后摄像头的视频。这种限制的主要原因可能是第二个摄像头处理器的成本，这阻止了增强现实应用程序同时跟踪两个摄像头。最近几代的硬件已经消除了这一限制，显然是为了满足对新功能的需求，例如，容易捕捉"自拍"图像，摄像机应用程序中的"画中画"功能。

头戴式增强现实的下一步将是如何在智能手机和带有合适传感器的头戴式组件之间建立无线连接，而智能手机仍然可以放在口袋里携带。像谷歌和微软等公司已经开始实现其中一些目标，但还没有把结果带到大众消费市场。提供这种应用程序将需要进一步开发以下关键要素。

1. 摄像机底层 API

摄像机模块通常是完全独立的，并且只能通过调用终端用户应用程序的高级功能来访问。摄像机控制是间接的，许多摄像机设置，如对焦或白平衡是不开放给用户的，也无法关闭。这对增强现实来说是不幸的，因为增强现实是可以显著地受益于对摄像机硬件的完全控制。除此之外，可以通过绕过操作系统实现对摄像机的底层访问，但这需要访问权限，而且破坏了硬件抽象。操作系统开发者应该引入一个底层 API 来提供对摄像机硬件的完全控制。

2. 多摄像机

微型摄像机非常便宜，因此可以在移动设备上安装多个摄像头。如今标准智能手机一个后置摄像头可用于拍照和录像，另一个低分辨率的前置摄像头可用于视频通话。一些供应商销售的早期版本的 Amazon Fire 手机包括四个前置摄像头，用于实时面部跟踪。可以使用多个摄像机进行立体匹配，尽管安装在手持设备上的摄像机之间的最大基线非常小。同时，来自多个摄像机的冗余图像也可以用于许多 AR 相关的应用，包括度量重建、光场捕获（其副产品是更方便的实时全景图像）、高动态范围成像和其他形式的计算摄影。

3. 大视场摄像机

大视场摄像机可以在单张图像中捕获更多的环境信息。支持大视场的光学镜头更昂贵，而且与紧凑的外壳设计相冲突。然而，大视场摄像机可以为基于图像的检测和跟踪提供必要的输入。实时应用程序必须处理接收到的信息，因此高质量的传感器至关重要。例如，HoloLens 预计将在耳机两侧各安装两个情境感知摄像头以覆盖宽视场，此外还有一个深度摄像头和一个前景摄像头。

4. 传感器

在微软成功地推出 Kinect 之后，在增强现实 / 虚拟现实研究领域出现了基于结构光或飞行时间原理的微型深度传感器的开发浪潮。图 2.30 展示的英特尔 RealSence 等商用传感器已经可以在移动设备上使用，在大量设备上也越来越多地出现了 Tango 平台。虽然这些传感器的功能各不相同，但三维感知是移动增强现实的重要补充。获得真实环境的三维表

示直接避免了移动设备上的大量计算，并可以减少能源消耗（尽管传感器本身可能会消耗一些能量）。更重要的是，依靠深度传感器的增强现实系统不必担心不利的环境条件会影响计算机视觉，比如光线不足会破坏传统的图像处理。因此，深度传感器作为新一代设备的先进功能模块将很快得到普及。

图 2.30　英特尔 RealSence

红外传感技术（用于夜视和热传感）已得到显著改善，小型化技术和低廉的价格正在使得这种传感器与消费设备的集成变得很有意义。这会产生在低照明环境中的新增强现实应用程序（如用于导航和协同）。

同样，增强现实也将受益于位置和方向传感器性能的改善，低成本的 RTKGPS 技术和激光陀螺仪为姿态感知提供了新的解决方案，同时显著提高了姿态计算的鲁棒性。

5. 更好的显示设备

光学透视头戴式显示器越来越多、越来越好，但目前还没有理想的 AR 显示设备。最近的研究原型显示了这一领域的发展方向。第一个可以显著改善增强现实体验的技术进步是广角显示器。像 Oculus 和 HTC Vive 这样的非透视显示器的视场角度通常大于 90°。相比之下，市场上的光学透视显示器的视场角度一般在 30° 以下。在这样一个狭窄的视野中，用户必须反复移动他们的头部才能精确地聚焦在一个感兴趣的物体上，并且不能利用外围视觉。这并不能很好地支持"监督"增强现实体验的设计，这种设计的特点是通过增强现实技术来感知用户的环境，且没有使用大规模增强技术来扩大用户的视野。

当今显示技术的局限性导致了这样一种想法，即增强现实只能提供简单的基于点的注释，如标签和小型三维物体。相比之下，在沉浸感方面，人们更喜欢把增强现实想象成虚拟现实，现实世界在虚拟现实中扮演着更重要的角色。用户应该能够站在规划的建筑模型前面，与现实世界的比例相同，光照和阴影与现实世界相对应，用户充分体验，甚至进入这样的建筑模型，从内部欣赏它。新的高端虚拟现实仿真功能，如广域增强现实技术，专注于连接视场中的特定遥远物体，令人印象深刻。目前阻碍头戴式显示器（HMD）广泛应用的最大障碍之一是其尺寸过大。

第三个可能对增强现实和虚拟现实体验有很大价值的改进是对缩放的支持。在传统的设计中，显示器有一个固定的焦距。由于仿真对象距离和显示距离的差异，使立体图像难以准确感知。即使经过训练，在观看这些表演时也会感到疲劳。支持可变焦距或自适应焦距的显示器将提供更方便的观看体验，增强现实初创公司 Magic Leap 正在开发这种显示器。由于立体图像必须用高维光场来代替，使用光场投影的商业解决方案不仅需要新的硬件，还需要计算机图形软件的改变。第一个商用光场显示器将以个人近眼显示器的形式出现，它最初可能比读者想象的要大。经过几次技术突破，可以将微型放映机缝制到用户穿着的衣服上，在空中生成栩栩如生的三维图像，从而提供了一个更方便的显示方式。

2.4.2 户外增强现实

移动增强现实意味着用户可以去任何地方。事实上，大多数商业 AR 应用仍然在室内，因为在室外采用 AR 要困难得多。增强现实技术要成为一项突破性的技术，它必须能在任何地方使用，尤其是户外。基于图像的定位是户外增强现实中最具挑战性的部分之一。AR 体验纯粹依赖于内置的 GPS、惯性姿态跟踪等传感器，该解决方案不能称为户外 AR。因此，增强现实在户外定位领域亟待改进。

1. 有限的设备能力

在不久的将来，定位必须直接在设备上工作。在云端进行定位是一个很有吸引力的解决方案，但目前存在不可接受的延迟问题。今天的无线网络速度很快，但它们的性能会因实际的户外位置而发生巨大变化。用户不能期望网络连接总是支持来自实时应用程序的远程过程调用。即便如此，这也并不意味着不可以遵循客户端—服务器系统的解决思路。异步方案可能是一种有效的工作方式，其中服务器用于调用预取数据或执行后台操作，而客户端以稳定的帧速率生成实际的增强现实显示。但是，这样的异步系统必须允许通过某种形式的服务质量的适度降低来对网络延迟和吞吐量进行大范围的更改。即使服务器没有及时响应，用户也应该有一些可用的选项。这将需要对增强现实应用系统设计进行重新思考，根据整个系统的状态，增强现实应用系统应该有多个级别的操作。当然，AR 系统中对并发的需求将使系统开发变得复杂。

2. 定位成功率

虽然有很多定位技术，但那些性能足够好的定位技术通常只在解决特定问题时表现良好。一些技术可以稳健地处理困难的查看条件，而其他技术可以处理较少的输入数据（来自模型数据库或实时输入流），通常依赖于大量数据或计算的算法有很高的成功率。这可能意味着用户必须对数据库进行详尽而不是启发式的搜索，或者使用密集而不是稀疏的特征跟踪。因为需要使用设备的所有功能，包括所有的传感器和细胞。使用新的传感器，如更精确的惯性和姿态传感器、深度传感器和新的计算单元，如通用图形处理器（General-purpose Graphics Processing Units，GPGPU），可能非常有帮助，但它们的使用会大大增加功耗。只有将这些功能结合起来，才能提高系统在自然环境中的成功率。显然，即使使用的硬件足够强大，但这个解决方案的软件工程仍然非常复杂。适应各种硬件特性是一项更具挑战性的任务。图 2.31 展示了 AR 户外定位。

图 2.31　AR 户外定位

2.4.3　智能对象交互

在 20 世纪 90 年代提出的许多普适计算的想法,在物联网这个术语下被重新审视。这种趋势源于这样一个事实:越来越多的消费电子设备是由芯片系统控制的,而不是由更传统的微控制器控制的。供应商正利用系统的可编程序性,通过软件添加新功能,以显示他们的产品与竞争对手的产品有何不同。无线网络是这些新功能之一,它可以将普通物体转变为连接到物联网的智能物体。在工业中也可以观察到类似的趋势,机器和设施被组织成网络化的物理系统。物联网的创新之处在于,它让用户能够对自己的物理环境进行高级控制。然而,什么类型的用户界面适合这个控制任务还不清楚。首先,可以有大量的控制参数,其中许多参数对于非专业人员来说难以理解。其次,允许用户连接到未知设备和服务的发现服务并不容易获得广泛接受。

增强现实提供了一个将用户从台式计算中熟知的直接操作带到包含智能对象环境中的机会。假设增强现实系统能够检测到用户当前正在看或触摸的东西,那么增强现实系统就可以通过物联网与目标物体连接,并允许用户控制该物体。这种控制可以通过物理或虚拟接口直接进行物理操作。如果目标对象不是静态的,或者在一定距离内,或者在需要的控制范围内同时涉及多个对象,则虚拟接口更为合适。这种增强现实的形式比传统的物理互动有如下两个优势:第一,通过增强现实显示器可以直观地观察被控智能对象的状态特征;第二,控制交互的反馈可以在增强现实显示器中显示。这两个优点对于智能对象来说尤其重要,因为智能对象本身不能够呈现反馈,比如非常小或没有显示。图 2.32 展示了AR 智能对象交互的应用场景。

在用户周边环境中,对象的空间布置是环境感知的一个重要来源,但在目前的物联网领域很少使用。我们可以看看个人显示器的例子,现在大多数人都有多台显示器:客厅里的电视机、台式计算机或笔记本电脑、智能手机和平板电脑;电视可以上网,汽车里有触摸屏;内置在智能手表和眼镜上的显示器正受到很多关注。上面的一些显示可以用于交互操作,例如,用户可以在汽车收音机的触摸屏上控制智能手机上的音乐播放,或者将短信转发给智能手表。屏幕显示一个网页,提供当前电视节目的背景信息。然而,目前这种互操作性的机会是相当少的。

图 2.32　AR 智能对象交互

在未来，每条信息都将根据空间距离和简单的用户输入发送到任何可用的显示器上。事实上，越来越多的研究原型已经在探索这个想法。相比之下，商业供应商通常只在他们自己的产品家族中支持互操作性。从历史上看，互操作性领域的进展一直很缓慢，因为它要么需要通过标准的建立（对于具有某种市场主导地位的工业企业来说是最容易接受的）来实现垂直系统集成，要么可能需要漫长的行业标准谈判。同样的考虑也适用于输入。给定环境中关于空间关系的描述信息，可以推断与增强现实跟踪和配准相关的大量几何关系。例如，多级跟踪系统（在两个用户的智能手机上运行的两个摄像头跟踪系统）可以是菊链式的，这样间接跟踪的对象的位置也可以用于增强现实应用。目前，跟踪系统之间还没有这样的互操作性，因此失去了很多机会。

2.4.4 可穿戴 AR 设备

智能手机的设计宗旨是持续使用，而可穿戴设备则与之不同，它是人体结构的一部分，甚至是人体的延伸。可穿戴设备的一个显著优势是，它们总是处于开机状态，在互动持续的过程中，它们只工作很短的时间（如几分之一秒）。这种微交互是不可能通过设备实现的，因为设备必须首先从口袋里拿出来，并吸引用户的注意力。

可穿戴计算中最重要的是传感器和执行器的放置。最明显的位置是头部，它可以用于眼镜、耳机、麦克风、眼球追踪和记录观看方向的摄像机。头戴式显示器与其他身体佩戴式显示器相比有巨大的优势，因为显示器总是在用户的视野范围内，可以在不占用用户的手的情况下查看。头戴式电子设备极大地改善了隐私，而附近的观察者往往无法知道用户在做什么。手腕是佩戴智能手表或腕带的合适位置。这款手环可以测量血压或脉搏等生理信号，还可以容纳手势传感器。图 2.33 展示了 AR 智能眼镜。

其他用于量化自身健康程度应用程序的身体信号传感器可以放置在胸部等其他身体区域。惯性传感器可以放置在身体的任何地方，以记录步幅，以及姿态检测和行为识别。同样，放置在身体上的振动器可以提供周围环境的信息，而不会占用眼睛和耳朵。

脑电图（Electroencephalography）装置通常以帽子的形式佩戴在颅骨上。不与皮肤直接接触的低成本传感器性能相对有限，但它们可以通过脑电图分析来检测情绪状态和大脑活动。脑机接口研究表明，普通用户可以使用简单的"心灵感应"应用程序，用他们的思

图 2.33　AR 智能眼镜

想控制他们的环境。在输出端，目前依赖侵入性电极的深部脑刺激技术已经成功地减轻了震颤患者的症状。

一个结合了所有这些技术的重要应用是辅助生活。老年人或残疾人佩戴眼镜等被动辅助设备已经使用了几个世纪。电子助听器是一项相对较新的发明，并得到了广泛的应用。新技术在提高辅助生活的有效性方面具有巨大潜力，不仅对那些真正需要辅助生活的人，而且对寻求便利的健康个人来说也是如此。头戴式显示器通过视频放大和文本到语音的转换提供了积极的阅读帮助。惯性传感器可以检测佩戴者是否跌倒或停止移动，严重瘫痪的患者已经可以通过脑电图进行交流。

本 章 小 结

本章介绍了虚拟现实技术与增强现实技术之间的区别和联系，介绍了增强现实的基本概念。还介绍了增强现实的核心技术，包括虚拟融合显示技术、标定与注册技术以及人机交互技术等。此外，还较为详细地介绍了增强现实的相关应用领域。最后讨论了增强现实的发展前沿。

思 考 题

1. 什么是增强现实技术？增强现实技术的特征有哪些？
2. 增强现实的核心技术有哪些？
3. 增强现实的呈现模态有哪些？分别具有什么特性？
4. 人机交互有哪几种方式？分别有什么样的适用场景？
5. 增强现实有哪些应用领域？

第 3 章

虚拟现实理论基础

虚拟现实技术为人们提供了一种独特的方式来增强复杂三维对象和环境的用户可视化。 虚拟现实是人们通过计算机可视化复杂数据创建可实时操作和交互的环境的重要工具。在学习虚拟现实技术时，了解计算机图形学中的相关概念至关重要。

计算机图形学（Computer Graphics，CG）是一种使用数学算法将二维或三维图形转化为计算机显示器的栅格形式的科学。它探讨了如何利用计算机生成、处理和显示图形的原理、方法和技术。简单地说，计算机图形学的主要研究内容就是研究如何在计算机中表示图形，以及利用计算机进行图形的计算、处理和显示的相关原理与算法。今天，计算机图形学是数码摄影、电影、视频游戏、手机和计算机显示器以及许多专业应用的核心技术。市场上已经出现了大量专用硬件和软件，大多数设备的显示器由计算机图形硬件驱动。它是计算机科学的一个广阔且最近发展起来的领域。

3.1 图 形 系 统

图形系统

使用计算机进行图形处理时，需要有一个由硬件和软件组成的计算机图形系统，也就是我们通常说的支撑环境。

3.1.1 图形系统概述

计算机图形系统是面向图形应用的计算机系统，它是具有关于图形的计算、存储、输入、输出和对话五方面基本功能的一类系统。主要由人、图形软件包和图形硬件设备三部分构成，其中，图形硬件设备通常由图形处理器、图形输入设备和图形输出设备构成。计算机图形系统要求主机的性能更高，速度更快，存储容量更大，外设种类更齐全。

一般来说，计算机图形系统由硬件设备及相应的软件系统两部分组成。严格来说，使用图形系统的用户也是这个系统的组成部分。在整个系统运行时，用户始终处于主导地位。因此，一个非交互式计算机图形系统只是普通的计算机系统加图形设备，而一个交互式计算机图形系统则是用户、计算机和图形设备协调运行的系统，其关系如图 3.1 所示。

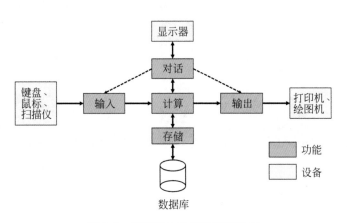

图 3.1 图形系统组成及相互关系

在一个交互式计算机图形系统中，图形硬件系统与软件系统的基本结构组成如图 3.2 所示。

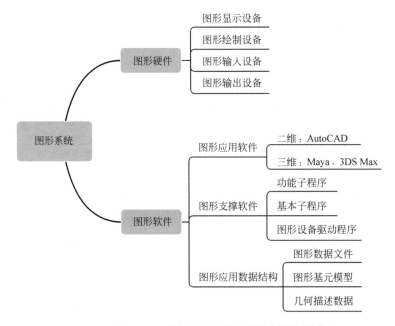

图 3.2 计算机图形系统的基本结构组成

1. 图形硬件

硬件设备是计算机图形学存在与发展的基础，其本身又是计算机科学技术高水平发展和应用的结果。最早的图形设备出现于 1950 年，美国的旋风 I 号 Whirlwind 计算机和半自动地面环境（Semi-Automatic Ground Environment, SAGE）等早期项目引入了阴极射线显像管（Cathode Ray Tube, CRT）作为可行的显示和交互界面，并引入了光笔作为输入设备。当时它们只能显示简单的图形，类似一台示波器。计算机图形系统中的硬件设备除大容量外存储器、通信控制器等常规设备外，还有图形输入和图形输出设备。

图形输入设备的种类繁多，在国际图形标准中，按照逻辑功能可分为定位设备、选择设备、拾取设备等若干类。通常一种物理设备兼具几种逻辑功能，如触摸板、数字化仪兼有定位和选择功能。在交互式系统中，各种图形模型的建立、操作和修改都离不开图形输入设备。常用的图形输入设备有光笔、触摸板、图形扫描仪、数据手套等。

图形的输出设备包含显示设备和硬拷贝设备两个方面。它的任务是把计算机的处理结果或者中间结果以数字、字符和图像等多种媒体的形式表示出来。常见的图形输出设备有显示器、打印机等。图形显示设备用于观察、修改图形，它是人机交互式处理图形的有力工具。由于屏幕上的图形不能长久保存，所以还需要以纸、胶片等介质输出保存。用于输出图形到介质的设备称为图形硬拷贝（也称绘制）设备。图形硬拷贝设备目前最常用的是各类打印机和绘图仪。按照绘制方式的不同，绘制设备可以分为光栅点阵型设备和随机矢量型设备两种。

2. 图形软件

图形软件又分为图形应用软件、图形支持软件和图形应用数据结构三个部分。这三个部分位于计算机系统内部并与外部图形设备连接。三者相互联系，相互调用，相互支持，形成图形系统的软件部分。

在采用了图形软件标准（如 PHIGS、GKS、CGI 等）之后，图形应用软件的开发将从如下三个方面获益：一是与设备无关，即在图形软件标准基础上开发的各种图形应用软件，不必关心具体设备的物理性能和参数，它们可以在不同硬件系统之间方便地进行移植和运行；二是与应用无关，即图形软件标准的图形输入输出处理功能综合考虑了多种应用的不同要求，具有很好的适应性；三是具有较高的性能，即图形软件标准能够提供多种图形输出元素（Graphic Output Primitives），如线段、圆弧、折线、曲线、标志、填充区域、图像、文字等，能处理各种类型的图形输入设备的操作，允许对图形分段，也可以对图形进行各种变换。因此，应用程序能以较高的起点进行开发。

3.1.2 图形渲染流水线

1. 概述

从本质上说，图形系统就是一个计算机系统，只不过它根据图形处理的需要在通用的计算机系统基础上增加了图形输入、输出和显示设备，并配备了相应的图形软件。在这个图形系统中，有一个特别的软硬件子系统能高效绘制出透视图中的三维图元，这就是图形系统的核心结构——图形系统的体系结构，也称图形流水线。

在计算机图形学中，图形渲染流水线是一种概念模型，它描述了图形系统需要执行哪些步骤才能将 3D 场景渲染到 2D 屏幕。一旦创建了 3D 模型，例如在视频游戏或任何其他 3D 计算机动画中，图形流水线就是将该 3D 模型转换为计算机显示的过程。由于此操作所需的步骤取决于所使用的软件和硬件以及所需的显示特性，因此没有适用于所有情况的通用图形流水线。尽管如此，现今存在着类似 Vulkan、OpenGL 和 DirectX 的图形接口，将相似的操作统一起来，并把底层硬件抽象化，以减轻程序员的负担。

图形流水线的模型通常用于实时渲染。大多数流水线步骤都是在硬件中实现的，这允许进行特殊优化。术语"流水线"的使用与现实生活中的流水线类似：只要任何给定的步骤有它需要的东西，流水线的各个步骤就会并行运行。

大部分图形软硬件被设计为一组固定的操作。这些固定的操作被组织成上述的图形流水线，流水线把顶点和像素依次放入各个固定操作的阶段。流水线所固有的功能确保了基本的着色、光照和纹理能很快执行。

图3.3给出了一个图形系统常见的体系结构，即图形流水线的三个阶段。

图3.3　图形系统常见的体系结构

2. 应用程序阶段

应用程序阶段一般将数据以图元的形式提供给图形硬件，如用来描述三维几何模型的点、线或多边形，同时也提供用于表面纹理映射的图像或者位图。

应用程序阶段主要由开发者主导，应用阶段的流水线化是由开发者决定的。由于应用程序阶段是通过软件方式实现的，因此开发者能够对该阶段进行控制，可以通过改变实现方法来改编实际性能。应用程序阶段主要由三个任务组成：首先开发者需要准备好场景数据，例如摄像机位置、视锥体和场景中的模型、光源、雾效等；其次将场景信息进行粗粒度剔除，这个工作的目的在于将不可见的物体剔除，减少几何阶段的工作量；最后需要设置好每个模型的渲染状态，输出一份渲染所需的几何信息（即渲染图元，里面包含了模型所使用的纹理，shader和材质等）。这些渲染图元将会被传递给下一个阶段——几何处理阶段。

3. 几何处理阶段

几何处理阶段是以每个顶点为基础对几何图元进行处理，将三维坐标变换为二维屏幕坐标的过程。几何处理阶段决定我们需要绘制的图元是什么，怎样进行绘制，在哪里绘制。此阶段通常在GPU上进行。

几何处理阶段负责处理每个渲染图元，进行逐顶点、逐多边形的操作。几何处理阶段可以进一步分成如图3.4所示的更小的流水线阶段。这些阶段可以和流水线通道阶段等同，也可以不等同。在某些情况下，一系列连续的功能阶段可以形成单个流水线阶段（和其他流水线阶段并行运行）；在另外一些情况下，一个功能阶段可以划分为几个更细小的流水线阶段。

图3.4　几何处理阶段划分

几何处理阶段的一个重要任务就是把顶点坐标变换到屏幕空间中，再交给光栅器进行处理。输出屏幕空间的二维顶点坐标、每个顶点对应的深度值、着色等相关信息，并传递给下一个阶段——光栅阶段。需要注意的是，几何处理阶段执行的是计算量非常大的任务，在只有一个光源的情况下，每个顶点大约需要100次精确的浮点运算操作。

4. 光栅阶段

在像素处理阶段，屏幕对象首先被传送到像素处理器进行光栅化，并对每个像素进行着色，然后再输出到帧缓冲器中，最后输出到显示器。

光栅阶段将会使用几何处理阶段传递来的数据（经过变换和投影之后的顶点、颜色以及纹理坐标）来产生屏幕上的像素。这一阶段也是在 GPU 上进行的。光栅化的主要任务是决定每个渲染图元中的哪些像素应该被绘制在屏幕上。需要对上一个阶段得到的逐顶点数据（如纹理坐标、顶底颜色等）进行插值，然后进行逐像素处理。不像几何阶段进行的多边形操作，光栅阶段进行的是单个像素操作。每个像素的信息存储在颜色缓冲器里，即一个矩形的颜色序列（每种颜色包括红、绿、蓝 3 个分量）。对于高性能图形系统来说，光栅阶段必须在硬件中完成。当图元发送并通过光栅阶段之后，从摄像机视点处看到的物体就可以在屏幕上显示出来，这些图元可以用合适的着色模型进行绘制，如果运用纹理技术，就会显示出纹理效果。

3.2 几 何 变 换

几何变换

变换（Transform）指的是将一些数据（如点、方向矢量、颜色等）通过某种方式进行转换的过程。图形变换是计算机图形学中的一个重要内容。通过对简单图形进行多种变换和组合，可以形成一个复杂图形，这些操作也用于将世界坐标系中的场景描述转换为输出设备上的观察显示。

线性变换（Linear Transform）是常见的变换类型，线性变换指的是可以保留矢量加和标量乘的变换。缩放、旋转、错切和镜像都属于线性变换。但线性变换无法满足所有的变换，于是就有了仿射变换（Affine Transform）。仿射变换是指在几何中，一个向量空间进行一次线性变换并接上一个平移，变换为另一个向量空间。

3.2.1 二维几何变换

平移、旋转和缩放是所有图形软件包中都含有的几何变换函数，其他可能包括在图形软件包中的变换函数有反射和错切操作。为了介绍几何变换的一般概念，这里首先考虑二维操作，然后讨论这些基本的思想怎样拓展到三维场景中。在理解基本的概念后，就可以很容易地编写执行二维场景对象几何变换的程序。

基本几何变换都是相对于坐标原点和坐标轴进行的几何变换，有平移、旋转、缩放、反射和错切矩阵以及它们之间的结合。

（1）平移（Translation）变换。不产生变形而移动物体的刚体变换，即物体上的每个点移动相同数量的坐标。是中仿射变换的一种。它可以视为将同一个向量加到每点上，或移动坐标系统的中心后产生的结果。

（2）旋转（Rotation）变换。在旋转变换过程中，原图上所有的点都绕一个固定的点朝同一方向转动同一个角度。

（3）缩放（Scaling）变换。缩放变换是一种沿着坐标轴作用的变换。缩放变换可以放

人或缩小物体。

（4）错切（Shearing）变换。错切是在某方向上，按照一定的比例对图形的每个点到某条平行于该方向的直线的有向距离做放缩得到的平面图形。错切变换直观理解就是把物体一边固定，然后拉另外一边，如图3.5所示。

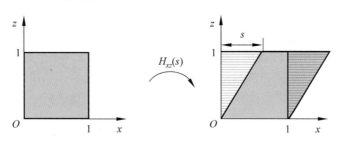

图3.5 错切变换一个单位正方形

此外，二维变换还包括变换连接（Concatenation of Transforms）和刚体变换（The Rigid-Body Transform），具体如下。

1. 变换连接

由于矩阵乘法不遵守交换律，这些变换矩阵相乘的顺序很重要。改变变换的顺序会导致变换结果不一样。因此，变换连接（Concatenation of Transforms）是顺序依赖的。

举个例子，假设有两个矩阵 S 和 R。其中，s（2,0.5,1）的作用是把 x 坐标放大为原来的两倍，y 坐标缩小为原来的一半，z 坐标不变。而 R_z（π/6）的作用是绕 z 轴逆时针旋转 π/6 弧度。这两个矩阵可以按两种方式相乘，先进行矩阵 S 的变换再进行矩阵 R 的变换和先进行矩阵 R 的变换再进行矩阵 S 的变换。如图3.6所示，矩阵乘法具有顺序依赖性，两种变换顺序会导致最终的结果不一样。

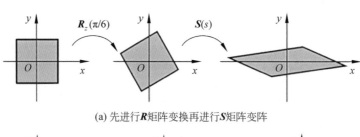

(a) 先进行 R 矩阵变换再进行 S 矩阵变阵

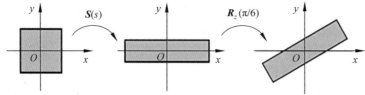

(b) 先进行 S 矩阵变换再进行 R 矩阵变阵

图3.6 两种不同的变换顺序结果

2. 刚体变换

变换前后任意两点间的距离依旧保持不变，则被称为刚体变换（The Rigid-Body Transform）。例如，从课桌上拿起一支铅笔，然后放进书包里了，这支铅笔只是朝向和位置变了，而铅笔的形状没有发生变化。刚体变换可分为平移变换、旋转变换和反转（镜像）变换。

3.2.2 三维几何变换

三维几何变换与二维几何变换类似，是在二维方法上扩充了 z 坐标而得到的。其基本变换有着类似的扩展。多数情况下三维与二维变换的方法相同，但也存在一些特殊情况，例如旋转变换在二维变换中只考虑沿垂直 xy 平面的坐标轴进行旋转，但在三维变换中可以选择空间任意方向作为旋转轴。

1. 三维平移变换

在三维齐次坐标表示中，任一点 $P(x, y, z)$ 通过将平移距离 t_x、t_y 和 t_z 加到 P 的坐标上而平移到位置 $P'(x', y', z')$，平移前后的位置坐标满足：

$$x'=x+t_x, \quad y'=y+t_y, \quad z'=z+t_z$$

在三维空间中，对象的平移通过定义该对象的各个点实现在新位置重建该对象。如图 3.7 所示，对于由一组多边形表面表示的对象，可以将各个表面的顶点进行平移，然后重新显示新位置的面。

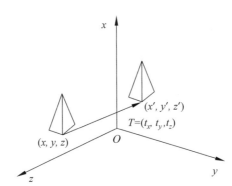

图 3.7　利用变换向量 $\boldsymbol{T}$ 对对象进行平移变换

2. 缩放变换

点 $P(x, y, z)$ 相对于坐标原点的三维缩放是二维缩放的简单拓展。只要在变换矩阵中引入 z 坐标缩放参数。

一个点的三维缩放变换矩阵可以表示为指定的任意正值。相对于原点的比例缩放变换的显式表示为

$$x'=x \cdot s_x, \quad y'=y \cdot s_y, \quad z'=z \cdot s_z$$

利用缩放变换公式对一个对象进行缩放会改变对象大小和对象相对于坐标原点的位置。大于 1 的参数值将该点沿原点到该点坐标方向远处移动。类似地，小于 1 的参数值将该点沿其到原点的方向近处移动。如果缩放变换参数不相同，则对象的相关尺寸也发生变化。可以使用统一的缩放参数（$s_x=s_y=s_z$）来保持对象的原有形状。使用相同的缩放参数（值为 2）来缩放一个对象的结果如图 3.8 所示。

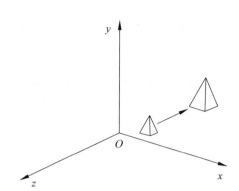

图 3.8　相对于原点的缩放变换

3. 旋转变换

我们可以围绕空间的任意轴旋转一个对象，但绕平行于坐标轴的轴的旋转是最容易处理的。同样也可以利用围绕坐标轴旋转（结合适当的平移）的复合结果来表示任意的一种旋转。因此，先考虑坐标轴旋转的基本旋转变换操作。

通常，如果沿着坐标轴的正半轴观察原点，那么绕坐标轴的逆时针旋转为正向旋转。这与以前在二维中讨论的旋转是一致的。在二维观察中，xOy 平面上的正向旋转方向是绕基准点（平行于 z 坐标轴的轴）进行逆时针旋转。图 3.9 展示了三种绕坐标轴的正向旋转。

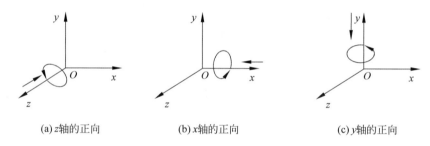

(a) z 轴的正向　　　　　　(b) x 轴的正向　　　　　　(c) y 轴的正向

图 3.9　绕坐标轴的正向旋转

4. 反射变换

反射变换（Reflection Transform）可以相对于给定的反射轴或反射平面来实现。一般来说，三维反射矩阵的建立类似于二维。相对于给定轴的反射等同于绕此轴旋转 180°，相对于平面的反射等同于三维空间中的 180° 旋转。当反射平面是坐标平面（xOy、xOz 或 yOz）时，可以将此变换看成左手系和右手系之间的转换。图 3.10 展示了右手坐标系到左手坐标系的反射变换。

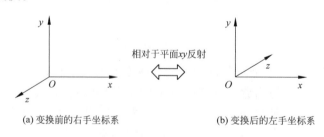

(a) 变换前的右手坐标系　　　　　　　　(b) 变换后的左手坐标系

图 3.10　右手坐标系到左手坐标系的反射变换

5. 错切变换

这些错切变换和二维中的一样可以用来修改对象形状，也可用于透视投影的三维观察中。相对于 x 轴或 y 轴的错切变换与前面二维错切讨论的相同，在三维空间中，还可以生成相对于 z 轴的错切，如图 3.11 所示。

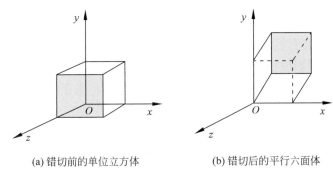

(a) 错切前的单位立方体 (b) 错切后的平行六面体

图 3.11 单位立方体相对于原点的 z 轴错切变换

6. 变换通式

三维几何变换可以看作二维几何变换的扩展，同二维变换一样，三维变换中也需要引入齐次坐标表示法。在定义了规范化齐次坐标系之后，图形变换可以表示为图形点集的规范化齐次坐标矩阵与某变换矩阵进行矩阵相乘的形式。

3.3 观察与投影

3.2 节里讲到了对模型的各种变换，这一节则要介绍如何观察这些三维模型，三维空间中的观察过程比二维空间中的观察过程要复杂。在二维空间中，我们仅需要指定一个窗口并在二维观察表面给定一个视口，使用窗口对世界的物体进行裁剪，然后变换到视口进行显示。三维场景的观察遵循二维观察中所使用的一般方法，但由于维度上的增加，三维观察在变换到设备坐标之前，需要投影程序把对象描述变换到观察平面上，三维观察操作包含了更多的空间参数，对一个已选择的视图，必须识别场景的可视部分，对于场景的真实绘制，则必须使用相关的表面绘制算法。

3.3.1 三维空间观察流程

1. 三维观察流水线

要想得到 3D 世界坐标系场景的显示，首先要建立观察的坐标系，或者说"摄像机"参数。该坐标系定义了对应于摄像机胶片的观察平面（View Plane）或投影平面（Projection Plane）的方向。然后将对象描述转换为观察坐标系并投影到观察平面上。

3D 场景视图的计算机生成步骤有点类似于拍照的过程。首先，类似于放置摄像机，

三维空间
观察流程

需要在场景中确定观看位置。根据要显示的场景的正面、背面、侧面、顶部或底部选择查看位置。然后在一组对象的中间甚至在诸如建筑物或分子之类的对象内部选择观察位置。然后需要确定摄像机的方向，摄像机在看哪个方向以及如何围绕视线旋转摄像机来确定照片的方向。最后，当按下快门时，场景被修剪到摄像机的"裁剪窗口（镜头）"，光线从可见表面投射到摄像机胶片上。当然，使用图形软件包生成场景视图比使用摄像机具有更大的灵活性和更多的选择。我们可以在平行投影或透视投影之间进行选择，并且可以选择消除沿视线的场景的某些部分。可以将投影平面移出"摄像机"位置，甚至可以在我们的人造摄像机后面获得物体的照片，如图 3.12 所示。

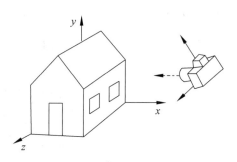

图 3.12　对场景拍照需要选择照相机的位置和方向

三维场景的某些观察操作与二维观察流水线相同或类似。二维视口用来确定三维场景投影视图在输出设备上的位置，而二维裁剪窗口用来选择视口映射的视图。我们在屏幕坐标系中建立显示窗口，就像在二维应用中所做的那样。裁剪窗口、视口和显示窗口通常指定为其边平行于坐标轴的矩形。而在三维观察中，裁剪窗口位于所选择的观察平面上，用一组裁剪平面（Clipping Plane）定义的封闭空间体裁剪出场景。观察位置、观察平面、裁剪窗口和裁剪平面在观察坐标系中指定。

图 3.13 给出了对建立三维场景以及将场景变换到设备坐标（Device Coordination, DC）的一般处理步骤。三维对象在局部的建模坐标系（Model Coordination, MC）中完成后，需要组装到统一的世界坐标系（World Coordination, WC）中，一旦在世界坐标系中建好场景模型，就将场景描述转换到选择的观察坐标系（View Coordination, VC）。观察坐标系定义了观察参数，包括投影平面（观察平面）的位置和方向，我们可以把投影平面看作照相机胶片平面。然后在投影平面上定义与照相机镜头对应的二维裁剪窗口，并建立三维裁剪区域。该裁剪区域称为观察体（View Volume），其形状和大小依赖于裁剪窗口的尺寸、投影方式和所选的观察方向的边界位置。投影操作将场景的观察坐标描述转换为投影平面的坐标位置（Projection Coordination，PC）。对象映射到规范化坐标系（Normalized Coordination，NC），所有在观察体外的部分被裁剪掉。裁剪操作可以在所有与设备无关的坐标变换（从世界坐标系到规范化坐标系）完成之后进行。这样，坐标变换可以合并以便最大限度地提高效率。

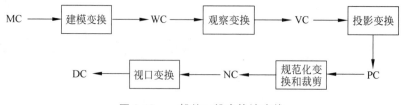

图 3.13　一般的三维变换流水线

与 2D 观察一样，视口边界可以在标准化坐标系或设备坐标系中指定。根据观察算法，假设视口是在设备坐标中指定的，并且在裁剪和标准化坐标后转换为视口坐标。还有其他必须完成的任务，例如识别可见面和表面渲染。最后一步是查看坐标映射到设备坐标系中的指定显示窗口。由于设备坐标系有时使用左手坐标系，因此可以将距显示屏的前向距离作为场景的深度。

2. 观察变换

观察变换指从世界坐标空间（三维空间）到观察坐标空间（二维空间）的变换，也称视图变换。目的是将三维笛卡尔坐标映射到单位像素表达的二维图形上。我们可以这样来描述视图变换的任务：将虚拟世界中以 (x, y, z) 为坐标的物体变换到以一个个像素位置 (x, y) 来表示的屏幕坐标系之中（二维），这确实是一个较为复杂的过程，但是整个过程可以被细分为如下几个步骤：模型变换、摄像机变换、投影变换和视口变换，如图 3.14 所示。

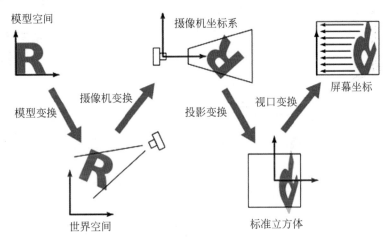

图 3.14　观察变换流程

（1）模型变换（Modeling Transformation）。这一步的目的是利用基础的变换矩阵将世界当中的物体调整（旋转、平移或缩放）至我们想要的地方，也就是将顶点坐标从模型空间变换到世界空间。

（2）摄像机变换（Camera Transformation）。摄像机变换的目的是得到所有可视物体与摄像机的相对位置，将世界坐标系下创建的坐标变换为摄像机坐标系下的坐标。摄像机坐标系如图 3.15 所示，其中 e 为摄像机位置；g 为摄像机观察方向；t 为摄像机向上方向。摄像机变换过程如图 3.16 所示。

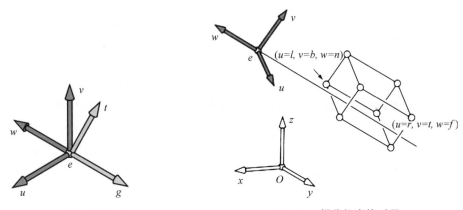

图 3.15　摄像机坐标系　　　　　　　　图 3.16　摄像机变换过程

（3）投影变换（Projection Transformation）。根据摄像机变换得到了所有可视范围内的物体对于摄像机的相对位置坐标（x, y, z）之后，投影变换的目的是根据平行投影或透视投影，将三维空间投影至标准二维平面（[–1,1] 的标准立方体）。正交投影变换如图 3.17 所示。

（4）视口变换（Viewpont Transformation）。在场景已经被压缩到 [–1,1] 的标准空间的基础上（见图 3.18），将 [x,y] 坐标放大到屏幕的像素坐标中。

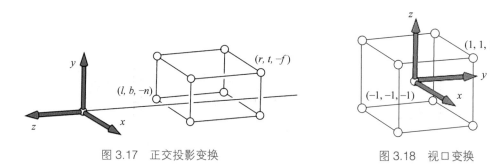

图 3.17　正交投影变换　　　　　　　　图 3.18　视口变换

综上，通过组合上述变换可以将一个场景通过正向投影到屏幕上。

3.3.2　投影

投影

世界坐标系下的对象描述变换到观察坐标系后，这些客观物体或形体的对象描述仍然是三维的，而这些对象的图形显示与图形输出最终都是在二维平面内实现的。因此，必须要解决三维形体在二维平面上的显示与表示问题，这种方式就是通过投影把顶点转换到一个剪裁空间中。

投影可以理解为一个空间的降维，是把 n 维坐标系中的点变换成小于 n 维的坐标系中的点。例如在三维空间中，选择一个点，记该点为投影中心，不经过这个点再定义一个平面，记该面为投影面，从投影中心向投影面引出任意条射线，记这些射线为投影线。穿过物体的投影线将与投影面相交，在投影面上形成物体的像，称为三维物体在二维投影面上的投影。

1. 投影分类

通常把三维物体变为二维图形的过程称为投影变换。由于计算机图形学中的观察表面被认为是平面，所以我们一般只研究平面几何投影。将三维空间中的物体（线段 AB）变换到二维平面上的过程，即平面几何投影过程。首先在三维空间中选择一个点为投影中心（或称投影参考点），再定义一个不经过投影中心的投影面，即前面提及的观察平面，连接投影中心与三维物体（线段 AB）的线称为投影线。投影线或其延长线将与投影面相交，在投影面上形成物体的像，称为三维物体在二维投影面上的投影。实际上，投影中心相当于人的视点，投影线则相当于视线。根据投影中心与投影平面之间距离的不同，投影可分为平行投影和透视投影。平行投影的投影中心与投影平面之间的距离为无穷大；而对于透视投影，这个距离是有限的。这两种投影的差别如图 3.19 所示。

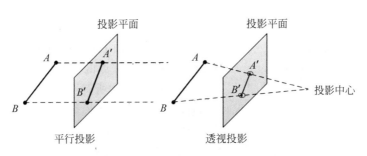

图 3.19　线段 *AB* 的平面几何投影

　　平行投影保持对象的有关比例不变，这是三维对象计算机辅助绘图和设计中产生等比例工程图的方法，场景中的平行线在平行投影中显示成平行的；透视投影不保持对象的相关比例，但场景的透视投影真实感较好，符合人眼的成像规律。平行投影根据投影方向与投影平面的夹角不同，可进一步分为正投影（投影线垂直于投影面）和斜投影。根据投影平面与坐标轴的夹角不同，正投影又可进一步分为三视图（观察平面垂直于某一坐标轴）和正轴测投影；斜投影可分为斜等测（投影方向与投影平面的夹角为45°）和斜二测投影。投影的分类如图 3.20 所示。

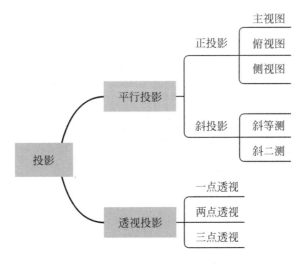

图 3.20　投影的分类

2. 平行投影

　　平行投影根据投影方向和投影面的夹角分为正投影和斜投影两类，当投影方向垂直于投影面时称为正投影，否则为斜投影，如图 3.21 所示。

图 3.21　平行投影

1）正投影

对象描述沿与投影平面法向量平行的方向到投影平面上的变换称为正投影（Orthogonal Projection）或正交投影（Orthographic Projection）。最常见的正投影类型有正视图投影、俯视图投影、侧视图投影、等轴测投影和轴测正投影。在所有这些投影中，投影平面垂直于一根主轴，该轴为投影方向。工程和建筑绘图通常使用正投影，它可以准确地反映对象的几何信息，但由于每一种投影仅描绘出物体的一个面，故很难推导出物体的三维性质。

正投影常用来生成对象的三视图和正轴测视图。当观察平面与某一坐标轴垂直时，得到的投影为三视图，否则得到的投影为正轴测视图。对象的正投影，可显示对象的平面图和立体图，如图 3.22 和图 3.23 所示。

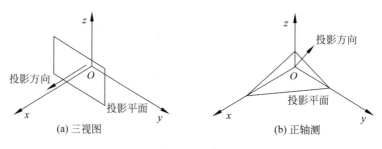

图 3.22　正投影

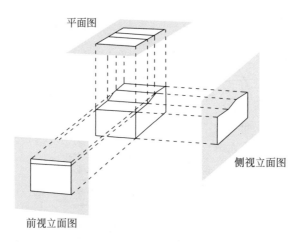

图 3.23　对象的正投影

2）斜投影

投影方向不垂直于投影平面的平行投影称为斜平行投影（Oblique Parallel Projection），简称斜投影。斜投影将轴测投影和前、顶、侧正投影的性质都结合了起来：投影平面垂直于一个主轴，平行于投影的物体表面的投影就可以进行角度和距离的测量。使用这样的投影可生成对象的前视、顶视等视图的混合视图。常用的斜投影图有斜等测图和斜二测图，如图 3.24 所示。

3. 透视投影

透视投影是用中心投影法将形体投射到投影面上，从而获得的一种较为接近视觉效果

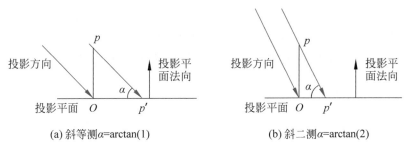

(a) 斜等测 $\alpha = \arctan(1)$　　　　　(b) 斜二测 $\alpha = \arctan(2)$

图 3.24　斜投影

的单面投影图。生活中，照相机拍摄的照片、画家的写生画等均是透视投影的例子。透视投影模拟了人的眼睛观察物体的过程，符合人类的视觉习惯，所以在真实感图形中得到广泛应用。

任何一束不平行于投影平面的平行线的透视投影将汇聚成一个点，这一点称为灭点。与平行投影相比，透视投影的特点是所有的投影线都从空间一点投射，离视点近的物体投影大，离视点远的物体投影小，小到极点成为灭点。

一般将投影平面放在观察者和物体之间，如图 3.25 所示。投影线与投影平面的交点就是物体上点的透视投影。观察者的眼睛位置称为视点，视点在投影平面的垂足称为视心，视点到视心的距离称为视距。

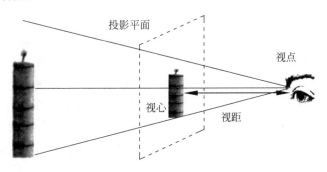

图 3.25　透视变换中屏幕的位置

1）透视投影灭点

在透视投影中，与屏幕平行的平行线投影后仍保持平行。不与屏幕平行的平行线投影后汇聚为一点，此点称为灭点，灭点是无限远点在屏幕上的投影。每一组平行线都有其不同的灭点。一般来说，三维物体中有多少组平行线就有多少个灭点。平行于某一坐标轴方向的平行线在屏幕上投影形成的灭点称为主灭点。通过投影平面的方向可以控制主灭点的数量，例如，投影平面仅切割 z 轴，因此 z 轴为投影平面的法线，则只在 z 轴上有一个主灭点，此时平行于 x 或 y 轴的直线也平行于投影平面，所以没有灭点。因为有 x、y 和 z 三个坐标轴，所以主灭点最多有三个。

2）透视投影分类

透视投影是按主灭点的数量来分类的。透视投影中主灭点数目由与投影面相交的坐标轴数目来决定，并据此将透视投影分类为一点、两点和三点透视。如图 3.26 所示，一点透视有一个主灭点，即投影面仅与一个坐标轴相交，与另外两个坐标轴平行；两点透视有

两个主灭点,即投影面仅与两个坐标轴相交,与另一个坐标轴平行;三点透视有三个主灭点,即投影面与三个坐标轴都相交。两点透视通常用于建筑、工程、工业设计和广告等方面,因为三点透视并不比两点透视添加更多真实性,所以三点透视应用得并不多。

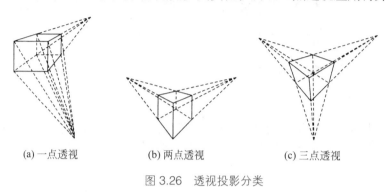

(a) 一点透视　　　　　　(b) 两点透视　　　　　　(c) 三点透视

图 3.26　透视投影分类

3.4　真实感图形

真实感图形绘制是计算机图形学研究的重要内容之一。真实感图形绘制是通过综合运用数学、物理学、计算机科学、心理学等知识,在计算机图形输出设备上绘制出逼真景象的技术。真实感图形绘制在人们日常的工作、学习和生活中已经有了非常广泛的应用,如在计算机辅助设计、多媒体教育、虚拟现实系统、科学计算可视化、动画制作等方面都可以看到真实感图形在其中发挥着重要作用。真实感图形的基本要求就是在计算机中生成三维场景的真实感图像,对于场景中的物体,要得到它的真实感图像,就要对物体进行透视投影,并做隐藏面的消隐,然后计算可见面的光照明暗效果,得到场景的真实感图像显示。

3.4.1　真实感图形概述

1. 真实感图形生成流程

真实感图形是综合利用数学、物理学、计算机科学以及其他科学技术,在计算机图形设备上生成的像彩色照片那样逼真的图形。基于该项技术,设计人员在设计图样时就可以浏览产品的形状和结构,以便设计者检查他们设计的产品外观并进行交互修改。如果说在20 世纪 80 年代,计算机真实感图形还主要局限在高等学校、科研院所的实验室里,那么,进入 20 世纪 90 年代以来,通过高科技电影、电视广告、电子游戏等媒体,真实感图形已经越来越深入人们的日常生活中,人们完全可以在办公室或家庭计算机上生成自己喜爱的具有真实感的图形,图 3.27 为真实感图形应用实例。

在计算机图形设备上生成的真实感图形,必须经过以下基本步骤。

(1) 构建模型。构建模型就是用数学方法建立实体的三维几何描述,并以数据结构的形式存储到计算机系统中。实体的几何模型将直接影响图形的复杂性和图形生成的复杂度。

图 3.27 真实感图形应用实例

（2）投影变换。实体的模型是在世界坐标系中建立的，需要将其转换到三维观察坐标系中，投影变换将三维物体投影到二维的屏幕空间上，经过这一步变换，会得到真正的像素位置，而不是虚拟的三维坐标。

（3）消隐处理。真实感图形绘制过程中，由于投影变换失去了深度信息，往往导致图形的二义性。要消除这类二义性，就必须在绘制时消除被遮挡的不可见的线或面，习惯上称为消除隐藏线和隐藏面，或简称为消隐，经过消隐得到的投影图称为物体的真实图形。

（4）光照处理。光照模型决定了一个像素上进行怎样的光照计算，从而计算出每一个像素的颜色，最终生成真实感图形。

在计算机系统中生成真实感图形的流程如图 3.28 所示。图中 W、VC、PC 和 DC 分别代表世界、观察、投影平面和设备坐标系。

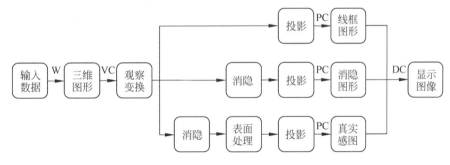

图 3.28 三维真实感图形生成流程图

2. 真实感图形特点

所谓真实感图形，主要指在屏幕上显示的图形利用特定视觉效果，使其认为这是极其逼真的真实图景。要生成一幅具有高度真实感的图形应当考虑照射物体的光源类型、物体表面的性质以及光源与物体的相对位置、物体以外的环境等。一般来说，真实感的图形应具有以下特点。

- 能反映物体表面颜色和亮度的细微变化。
- 能表现物体表面的质感。
- 能通过光照下的物体阴影极大地改善场景的深度感与层次感。

- 能模拟透明物体的透明效果和镜面物体的镜像效果。

影响真实感图形的因素主要有以下几点。

- 物体本身的几何形状。自然界中物体的形状是很复杂的，有些可以表示成多面体，有些可以表示成曲面体，而有些很难用简单的数学函数来表示（如云、水、雾、火等）。
- 物体表面的特性。包括材料的粗糙度、感光度、表面颜色和纹理等。对于透明体，还要包括物体的透光性。例如纸和布的不同在于它们是不同类型的材料，而同样是布，又可通过布的质地、颜色和花纹来区分。
- 照射物体的光源。从光源发出的光有亮有暗、光的颜色有深有浅，我们可以用光的波长（即颜色）和光的强度（即亮度）来描述。光源还有点光源、线光源、面光源和体光源之分。
- 物体与光源的相对位置。
- 物体周围的环境。它们通过对光的反射和折射，形成环境光，在物体表面上产生一定的照度，还会在物体上形成阴影。

真实感图形技术的关键在于充分考察上述影响物体外观的因素，建立合适的光照模型，并通过显示算法将物体在显示器上显示出来。目前，计算机图形学中用于提高图形真实感的技术主要有光线跟踪技术、辐射度方法、纹理映射技术等。

3.4.2　三维消隐

三维消隐

对于一组给定的三维物体，我们需要确定物体上的哪些线或面是可见的，从而在绘制的时候能只显示这些可见的部分。这种可见性在透视投影是相对于投影中心的，在平行投影中则是相对于平行投影方向的。这一确定可见性的过程称为可见线判定或可见面判定，也可以称为隐藏线消除和隐藏面消除。我们将整个过程统称为消隐。图 3.29 展示了图形在计算机中的表示方法。

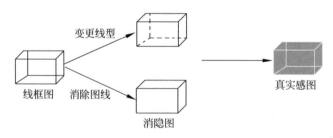

图 3.29　图形在计算机中的表示方法

1. 消隐的定义

在计算机图形处理的过程中，不会自动消去隐藏部分，所有的线和面都显示出来。所以如果想真实地显示三维物体，必须先确定视点。例如，如图 3.30 所示，由于视点的位置不同，物体的可见部分也不同：当视点在 V_1 位置时，A、B 两面可见，C、D 两面不可见；当视点移到 V_2 位置时，D 面由不可见变为可见，而 B 面则由可见变为不可见。因此，消隐处理根据给定的观察者的空间位置来决定哪些线段、棱边、表面或物体是可见的，哪些是不可见的。

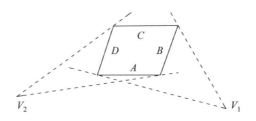

图 3.30 消隐与观察者位置的关系

在确定视点之后必须将对象表面上的不可见的点、线、面消去，未经消除隐藏线和隐藏面的立体图往往存在二义性，如图 3.31（a）所示的立方体，由于没有消除隐藏线，既可以将它理解为图 3.31（b）所示的物体，也可以理解为图 3.31（c）所示的物体，因此只有消除隐藏线或隐藏面的图形才有实用价值。执行这种功能的算法称为消隐算法，根据消隐对象的不同可分为线消隐和面消隐。

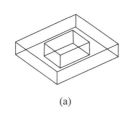 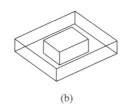 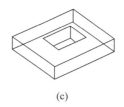

| (a) | (b) | (c) |

图 3.31 投影图的二义性

2. 消隐处理的主要考虑因素

形体数据结构的合理组织：为了提高消隐的速度，需要用一定数据结构描述形体的几何信息和拓扑信息，因为该数据作为形体信息输入、投影变换、消隐处理以及输出图形等计算的原始数据，所以合理的数据结构会大大减少计算机的存储量，提高运算速度。

排除与遮挡无关的要素：首先排除与遮挡无关的形体和表面，仅考虑有遮挡关系的内容，以提高运算速度。

遮挡关系：根据观察者到形体之间距离大小确定形体之间的遮挡关系，首先确定距离观察者较近的形体及表面，然后找出被其遮挡的形体及表面。

3. 线消隐

线消隐处理对象为线框模型，是以场景中的物体为处理单元，将一个物体与其余的物体进行逐一比较，仅显示它可见的表面以达到消隐的目的，此类算法通常用于消除隐藏线。

1）凸多面体的隐藏线消隐

凸多面体是由若干个平面围成的物体，对于任意凸多面体，可先求出所有隐藏面，然后检查每条边。若相交于某条边的两个面均为自隐藏面，根据任意两个自隐藏面的交线为自隐藏线，可知该边为自隐藏边。

2）凹多面体的隐藏线消隐

凹多面体的隐藏线消除比较复杂。假设凹多面体用它的表面多边形的集合表示，消除隐藏线的问题可归结为：一条空间线段和一个多边形，判断线段是否被多边形遮挡。如果被遮挡则求出隐藏部分。以视点为投影中心，把线段与多边形顶点投影到屏幕上，将各对

应投影点连线的方程联立求解，即可求得线段与多边形投影的交点。

如果线段与多边形的任何边都不相交，则有两种可能：线段投影与多边形投影分离或线段投影在多边形投影之中。前一种情况，线段完全可见；后一种情况，线段完全隐藏或完全可见。然后通过线段中性点向视点延伸，若此射线与多边形相交，则相应线段被多边形隐藏；否则线段完全可见。

把上述线段与所有需要比较的多边形进行隐藏性判断，记下各条边隐藏子线段的位置，最后对所有这些区域进行求并集运算，即可确定总的隐藏子线段的位置，余下的则是可见子线段。

4. 面消隐

面消隐处理对象为填色图模型，是以窗口内的每个像素为处理单元，确定在每一个像素处，场景中的哪一个物体是距离观察点最近的，从而利用它的颜色来显示该像素。此类算法通常用于消除隐藏面。

1）Z 缓冲器（Z-buffer）算法

1973 年，犹他大学的学生 Edwin Catmull 独立开发出了能跟踪屏幕上每个像素深度的 Z-buffer 算法，Z-buffer 让计算机生成复杂图形成为可能。Z-buffer 算法也叫深度缓冲器算法，属于图像空间消隐算法，该算法有帧缓冲器和深度缓冲器，如图 3.32 所示。这两种缓冲器分别对应两个数组：

- intensity（x，y）——属性数组（帧缓冲器）存储图像空间每个可见像素的光强或颜色；
- depth（x，y）——深度数组（Z-buffer）存放图像空间每个可见像素的 z 坐标。

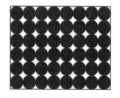
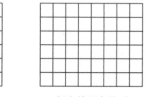

每个单元存放对应像素的颜色值　　每个单元存放对应像素的深度值

(a) 屏幕　　　　　(b) 帧缓冲器　　　　　(c) 深度缓冲器

图 3.32　帧缓冲器和深度缓冲器

假定 xOy 面为投影面，z 轴为观察方向，过屏幕上任意像素点（x,y）做平行于 z 轴的射线 R，与物体表面相交于 p_1 和 p_2 点，p_1 和 p_2 点的 z 值称为该点的深度值。

Z-buffer 算法比较 p_1 和 p_2 的 z 值，如图 3.33 所示，将最大的 z 值存入 z 缓冲器中。显然，p_1 在 p_2 前面，屏幕上（x，y）这一点将显示 p_1 点的颜色算法思想：先将 Z 缓冲器中各单元的初始值置为最小值，当要改变某个像素的颜色值时，首先检查当前多边形的深度值是否大于该像素原来的深度值（保存在该像素所对应的 Z 缓冲器的单

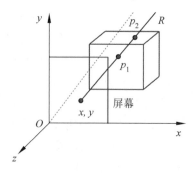

图 3.33　Z-buffer 算法示意图

元中），如果大于原来的 z 值，说明当前多边形更靠近观察点，用它的颜色替换像素原来的颜色。

2）扫描线算法

在多边形填充算法中，活性边表的使用取得了节省运行空间的效果。用同样的思想改造 Z-buffer 算法：将整个绘图区域分割成若干个小区域，然后逐区域地显示，这样 Z 缓冲器的单元数只要等于下一个区域内像素的个数就可以了。如果将小区域取成屏幕上的扫描线，就得到了扫描线 Z-buffer 算法。

3.4.3 光照模型

光照模型

1. 基本光照模型

之所以物体能被我们观察，是因为人眼接收到了来自物体的光。当光照射到物体表面时，物体对光会发生反射、透射、吸收、衍射、折射和干涉，其中被物体吸收的部分转化为热，反射、透射的光进入人的视觉系统，使我们能看见物体。为模拟这一现象，我们建立一些数学模型来代替复杂的物理模型，这些模型就称为明暗效应模型或者光照明模型。

光照模型包含许多因素，如物体的类型、物体相对于光源与其他物体的位置以及场景中所设置的光源属性、物体的透明度、物体的表面光亮程度，甚至物体的各种表面纹理等。不同形状、颜色和位置的光源可以为一个场景带来不同的光照效果。一旦确定出物体表面的光学属性参数、场景中各面的相对位置关系、光源的颜色和位置、观察平面的位置等信息，就可以根据光照模型计算出物体表面上某点在观察方向上所透射的光强度值。

计算机图形学中的光照模型分局部光照模型和全局光照模型：前者忽略周围环境对物体的作用，而只考虑光源对物体表面的直接照射效果，这仅是一种理想状况，所得结果与自然界中的真实情况有一定差距；后者则考虑了周围环境对景物表面的影响。这一节将讨论计算物体表面光强度的一些简单方法，即简单的局部光照模型。局部光照模型并不是真正准确的模型，但是它的优点是计算快，效果可以接受，至今依然广泛地运用在各种游戏中。

2. 基本光学原理

光照到物体表面时，物体对光会发生反射（Reflection）、透射（Transmission）、吸收（Absorption）、衍射（Diffraction）、折射（Refraction）和干涉（Interference）。通常观察不透明、不发光物体时，人眼观察到的是从物体表面得到的反射光，它是由场景中的光源和其他物体表面的反射光共同作用产生的。如果一个物体能从周围物体获得光照，那么即使它不处于光源的直接照射下，其表面也可能是可见的。

点光源是最简单的光源，它的光线由光源向四周发散，在实际生活中很难找到真正的点光源。当一种光源距离场景足够远（如太阳），或者一个光源的大小比场景中的大小要小得多（如蜡烛）时，通常可把这样的光源近似地看成点光源模型。在本节中，若无特别说明，所有光源均假定为一个带有坐标位置和光强度的点光源。

当光线照射到不透明物体表面时，部分被反射，部分被吸收。物体表面的材质类型决定了反射光线的强弱。表面光滑的材质将反射较多的入射光，而较暗的表面则吸收较多的入射光。对于一个透明的表面，部分入射光会被反射，另一部分被折射，如图 3.34 所示。

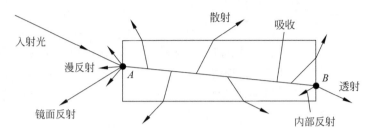

图 3.34　物体表面光现象

简单光照明模型模拟物体表面对直接光照的反射作用，包括镜面反射和漫反射，而物体间的光反射作用没有被充分考虑，仅仅用一个与周围物体、视点、光源位置都无关的环境光（Ambient Light）常量来近似表示。可以用如下等式表示：

入射光 ＝ 环境光 ＋ 漫反射光 ＋ 镜面反射光

下面分别从光反射作用的各个组成部分来介绍简单光照明模型。

1）环境光

假设物体不是自发光的，而是存在一个漫射的无方向的光源，环境中存在的光是经过多个表面多次反射得到的结果，这种光通常被称为环境光或泛光。例如，透过厚厚云层的阳光可以称为环境光。在简单光照明模型中，我们用一个常数来模拟环境光，可表示为

$$I_e = I_a K_a$$

式中，I_a 是环境光的光强；K_a 是物体对环境光的反射系数，与环境的明暗度有关。

2）漫反射光

如粉笔、木板这些暗的粗糙表面从各个方向等强度地反射光，从各个视角看物体表面呈现出相同的亮度。这个效果被称为漫反射效果，也被称为朗伯反射。记入射光强为 I，物体表面上点 P 的法向为 N，从点 P 指向光源的向量为 L，两者间的夹角为 θ，如图 3.35 所示。根据朗伯余弦定律，漫反射光强为

$$I_d = I_p K_d \cos(\theta), \quad \theta \in \left(0, \frac{\pi}{2}\right)$$

式中，K_d 是与物体有关的漫反射系数，$0 < K_d < 1$。

当 L、N 为单位向量时，上式也可用如下形式表示：

$$I_d = I_p K_d (LN)$$

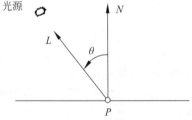

图 3.35　P 点处的单位法向量 N 和 P 点到点光源的单位向量 L 之间的夹角 θ

3）镜面反射光

任何发光表面上可以观察到镜面反射现象。例如，用明亮白光照射一个苹果，强光由镜面反射引起，而从其他部分反射的光则是漫反射的结果。同时可以注意到，在强光处苹果并非呈现出红色，而是入射光的颜色——白色。像蜡制的苹果或者发光的塑料这样的物体，都有一个透光的表面，即无色的表面。

镜面反射光的光强取决于入射光的角度、入射光的波长和反射表面的材料性质。镜面反射光是有方向的，对于一个理想的反射表面，反射角等于入射角，故只有严格位于此角度的观察者才能看到反射光。对一般的光滑表面，反射光集中在一个范围内，且由反射定律决定的反射方向光强最大。因此，对于同一点来说，从不同位置所观察到的镜面反射光强是不同的。Phong 提出了一个计算镜面反射光亮度的经验模型，其计算公式为

$$I_s = I_p K_s \cos^n(\alpha), \quad \alpha \in \left(0, \frac{\pi}{2}\right)$$

式中，K_s 是物体表面的镜面反射系数，它与入射光和波长有关；α 是视线方向 V 与反射方向 R 的夹角；n 是反射指数，反映了物体表面的光泽程度，一般为 1~2000，数目越大物体表面越光滑。镜面反射光将会在反射方向附近形成很亮的光斑，称为高光现象。$\cos^n(\alpha)$ 近似地描述了镜面反射光的空间分布。

4）自发光

光线也可以直接由光源发射进入摄像机，而不需要经过任何物体的反射。标准光照模型使用自发光来计算这个部分的贡献度。它的计算也很简单，就是直接使用了该材质的自发光颜色。通常在实时渲染中，自发光的表面往往并不会照亮周围的表面，也就是说，这个物体并不会被当成一个光源。

3. Phong 反射模型

Phong 反射模型是由犹他大学的裴祥风（Bui Tuong Phong）开发的，他在 1975 年的博士论文中提到了该模型。Phong 反射模型是局部光照的经验模型。它将表面反射光的方式描述为粗糙表面的漫反射与闪亮表面的镜面反射的组合。基于 Phong 的非正式观察，有光泽的表面具有较小的强烈镜面高光，而暗淡的表面具有较大的高光，并且会逐渐衰减。该模型还包括一个环境光，表示散布在整个场景中的少量光。

综合上面介绍的光反射作用的各个部分，Phong 反射模型有这样的一个表述：由物体表面上一点 P 反射到视点的光强 I 为环境光的反射光强 I_e、理想漫反射光强 I_d 和镜面反射光 I_s 的加权总和。

Phong 反射模型是真实感图形学中提出的第一个有影响的光照明模型，生成图像的真实度已经达到可以接受的程度。但是在实际应用中，由于它是一个经验模型，还具有以下一些问题：用 Phong 模型显示出的物体像塑料，没有质感；环境光是常量，没有考虑物体之间相互的反射光；镜面反射的颜色是光源的颜色，与物体的材料无关；镜面反射的计算在入射角很大时会产生失真等。在后面的一些光照明模型中，对上述的这些问题都做了一定的改进。

4. Blinn-Phong 反射模型

Blinn-Phong 反射模型，也称为改进的 Phong 反射模型，是 Jim Blinn 对 Phong 反射模

型的改进。优化了 Phong 模型计算反射方向与人眼观察方向的角度。和传统 Phong 光照模型相比，Blinn-Phong 光照模型混合了朗伯的漫射部分和标准的高光，渲染效果有时比 Phong 光照模型高光更柔和、更平滑，此外它在速度上相当快，因此成为许多计算机图形（Computer Graphic，CG）软件中的默认光照渲染方法。同时它也集成在大多数图形芯片中，用以产生实时快速的渲染。在 OpenGL 和 Direct3D 渲染管线中，Blinn-Phong 就是默认的渲染模型。

5. 明暗度处理模型

在计算机三维图形的真实感绘制过程中，依照前面所介绍的方法，得到了物体在光照条件下的表面各个点的强度值。之后，还需要将这些强度值转换为可为计算机图形系统或是图形软件所能支持的明暗模式，从而进行浓淡处理。对平面来说，由于其上每点的法向量具有相等的特性，因而可以使用同一亮度来表示。如果场景的表面是曲面，则必须用多个平面多边形片来逼近，然后通过计算曲面上每点的亮度获得光照效果。不同的多边形具有不同的亮度，在进行明暗处理以后，可以使所生成的物体图形具有层次感。明暗处理包含两个主要算法：双线性光强插值算法和双线性法向插值算法，分别称为 Gouraud 明暗处理和 Phong 明暗处理。

双线性光强插值可以有效地显示漫反射曲面，它的计算量小；而双线性法向插值与双线性光强插值相比，可以产生正确的高光区域，但本质上仍属于线性插值模式，有时也会出现马赫带效应，而且它的计算量要大得多。当然，这两种明暗处理算法本身也都存在着一些缺陷，具体表现为：用这类算法得到的物体边缘轮廓是折线段而非光滑曲线；由于透视的原因，使等间距扫描线产生不均匀的效果；插值结果取决于插值方向，不同的插值方向会得到不同的插值结果等。要得到更加精细、逼真的图形，就要用更加精确、更为复杂的方法，如光线跟踪算法。

1）Gouraud 明暗处理

Gouraud 明暗处理又称亮度插值明暗处理，是由 Gouraud 于 1971 年提出的。先计算物体表面多边形各顶点的光强，然后用双线性插值，求出多边形内部区域中各点的光强。由于顶点被相邻多边形所共享，因此相邻多边形在边界附近的颜色的过渡会比较光滑，每个多边形的强度值沿着公共边与相邻多边形的值相接，因而可以消除恒定光强绘制中存在的光强不连续的现象。

Gouraud 明暗处理的基本算法步骤如下。

（1）计算多边形顶点的平均法向。

（2）用 Phong 光照明模型计算顶点的平均光强。

（3）插值计算离散边上的各点光强。

（4）插值计算多边形内域中各点的光强。

2）Phong 明暗处理

Gouraud 明暗模型计算快，相邻多边形之间的颜色突变问题也得到解决，颜色过渡均匀。但是，由于采用光强插值，它的镜面反射效果不太理想，而且相邻多边形边界处的马赫带效应不能完全消除。Phong 提出的双线性法向插值以时间为代价，可以部分解决上述的弊病。双线性法向插值将镜面反射引进到明暗处理中，解决了高光问题。与双线性光强插值相比，该方法有如下特点。

- 保留双线性插值，对多边形边上的点和内域各点采用增量法。
- 对顶点的法向量进行插值，而顶点的法向量，用相邻的多边形的法向作平均。插值计算离散边上的各点光强。
- 由插值得到的法向计算每个像素的光亮度。
- 假定光源与视点均在无穷远处，光强只是法向量的函数。

6. 阴影

阴影是现实生活中一种很常见的光照现象，图 3.36 和图 3.37 是两个常见的例子，它是由于光源被物体遮挡而在该物体后面产生的较暗的区域。在真实感图形学中，通过阴影可以提供物体位置和方向信息，从而可以反映出物体之间的相互关系，增加图形图像的立体效果和真实感。

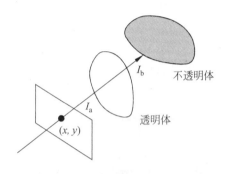

图 3.36 颜色调和模拟透明效果　　　　　　图 3.37 阴影示意图

可见面算法判定从视点处可见哪些面，而阴影算法判定从光源处可见哪些面。可以使用隐藏面算法确定光源所不能照明的区域，将视点置于光源位置，可以确定哪些表面是不可见的。这些就是阴影区域，一旦所有光源确定出阴影区域，这些阴影就可以看作表面图案而保存在图案数组中。如果光源位置不变，那么对于任意选定的观察位置，由隐藏面算法所生成的阴影图案均是有效的。

当知道了物体的阴影区域以后，就可以把它与简单光照明模型相结合，对于物体表面的多边形，如果在阴影区域内部，那么该多边形的光强就只有环境光一项，后面的那几项光强都为零，否则就用正常的模型计算光强。通过这种方法，可以把阴影引入简单光照明模型中，使产生的真实感图形更有层次感。

3.4.4 纹理映射

纹理映射

用前面几节中介绍的方法生成的物体图像，往往由于其表面过于光滑和单调，看起来反而不真实，这是因为在现实世界中的物体，其表面通常有它的表面细节，当细节越来越精细且复杂时，用多边形或其他集合图元进行直接造型不太实际。一种方法是将数字化或合成图像映射至物体表面，这种方法被称为纹理映射（Texture Mapping），图像被称为纹理。纹理既可以是光滑表面的花纹、图案，也可以是粗糙的表面。本节将介绍纹理的类型、纹理的定义方法以及纹理映射的一些原理。

1. 概述

纹理既包括通常意义上物体表面的纹理，即使物体表面呈现凹凸不平的沟纹，同时也包括物体光滑表面上的彩色图案，通常我们更多地称为花纹。对于花纹而言，就是在物体表面绘出彩色花纹或图案，产生了纹理后的物体表面依然光滑如故。对于沟纹而言，实际上也是要在表面绘出彩色花纹或图案，同时要求视觉上给人以凹凸不平感，凹凸不平的图案一般是不规则的。在计算机图形学中，这两种类型纹理的生成方法完全一致，这也是计算机图形学中把它们统称为纹理的原因所在。所以纹理映射就是在物体的表面上绘制彩色的图案。

纹理映射最初指的是漫反射映射，一种简单地将像素从纹理映射到 3D 表面的方法（将图像"包裹"在对象周围）。近几十年来，出现了多通道渲染、多重纹理、Mipmap 和更复杂的映射，例如高度映射、凹凸映射、法线映射、置换映射、反射映射、镜面反射映射、遮挡映射以及该技术的许多其他变体，通过大幅减少构建逼真且功能齐全的 3D 场景所需的多边形数量和光照计算，使得实时模拟接近照片的真实感成为可能。

图 3.38 是纹理映射场景的一个部分，图 3.38（a）是由离散数据生成的地表的网状结构，图 3.38（b）为进行纹理映射后的地表形状。纹理映射需要考虑以下 3 个问题。

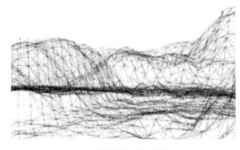

(a) 地表的网状结构　　　　　　　　　　　(b) 地表的纹理映射形状

图 3.38　纹理映射场景

（1）对于简单光照明模型，需要了解物体上的什么属性被改变时可以产生纹理的效果。简单光照明模型的表达式为

$$I = I_a K_a + I_p K_d (LN) + I_p K_s (RV)^n$$

经分析并结合前面所讲内容可知，在该模型中，可以通过改变漫反射系数或者物体表面的法向量改变物体的颜色，由此得到纹理的效果。

（2）在真实感图形学中，可以用如下两种方法定义纹理。

① 图像纹理：将二维纹理图案映射到三维物体表面，绘制物体表面上一点时，采用相应的纹理图案中相应点的颜色值。

② 函数纹理：用数学函数定义简单的二维纹理图案，如方格地毯；或用数学函数定义随机高度场，生成表面粗糙纹理，即几何纹理。

（3）在定义了纹理以后，还要处理如何对纹理进行映射的问题。对于二维图像纹理，就是如何建立纹理与三维物体之间的对应关系；而对于几何纹理，就是如何扰动法向量。

纹理一般定义在单位正方形区域（$0 \leqslant u \leqslant 1$, $0 \leqslant v \leqslant 1$）之上，称为纹理空间。理论上，

定义在此空间上的任何函数可以作为纹理函数，而在实际上，往往采用一些特殊的函数来模拟生活中常见的纹理。对于纹理空间的定义方法有很多种，下面是常用的几种。

- 用参数曲面的参数域作为纹理空间（二维）。
- 用辅助平面、圆柱和球定义纹理空间（二维）。
- 用三维直角坐标作为纹理空间（三维）。

2. 颜色纹理映射

颜色纹理映射的目的是使绘制对象的表面具有花纹图案效果。其基本思想如下。

首先，给出了期望出现在表面物体的花纹图案，可以用一个纹理函数来表示。纹理函数的定义域称为纹理定义域，纹理函数值一般可以理解为一个亮度值，可以转化为 RGB 表示的颜色值。

其次，建立物面定义域与纹理函数定义域（即映射函数）的映射关系。一旦建立了这种对应关系，就可以通过纹理定义域中对应点的纹理数值获得物体表面任意一点的图案属性。

最后，当在物体表面绘制可见点时，通过上面定义的对应关系，可以得到代表该可见点处图案属性的对应纹理函数值。适当使用纹理函数值可以使最终绘制的物体表面具有花纹图案效果。

例如，在不考虑光照计算的情况下，可以简单地将表示亮度的纹理函数值作为物体可见点的亮度，也就是颜色。在考虑光照计算的情况下，表示亮度的纹理函数值（转换成颜色值后有 3 个分量）可以作为光照模型中物体此时的漫反射系数，然后通过光照模型计算出该可见点的亮度。

下面以二维纹理映射为例，对颜色纹理映射的上述三个主要步骤：纹理函数定义、映射函数定义和纹理映射的实施进行进一步的讨论。

在纹理映射技术中，最常见的纹理是二维纹理。映射将横纵坐标分别为 u 和 v 的纹理图片变换到三维物体的表面，形成最终的图像。给出一个二维纹理的函数如下：

$$g(u,v)=\begin{cases} 0 & [u\times8]+[v\times8]\text{为奇数} \\ 1 & [u\times8]+[v\times8]\text{为偶数} \end{cases}$$

二维纹理还可以用图像来表示，用一个 $M\times N$ 的二维数组存放一幅数字化的图像，用插值法构造纹理函数，然后把该二维图像映射到三维的物体表面上，如图 3.39 所示。

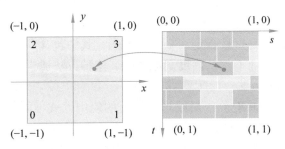

图 3.39　二维纹理示意图

为了实现这个映射，需要建立物体空间坐标（x, y, z）和纹理空间坐标（u, v）之

间的对应关系,这相当于对物体表面进行参数化,求出物体表面的参数后,就可以根据(u, v)得到该处的纹理值,并用此值取代光照明模型中的相应项。

3. 凹凸映射

虽然纹理映射可以用于添加精致的表面细节,但它对于模拟粗糙的物体表面则不太合适。物体表面只是被绘制上了粗糙的花纹图案,但看起来感觉仍然是光滑的。纹理图案的光照细节的设定通常与场景中的光照方向无关。生成物体表面凹凸效果的较好方法是使用扰动函数并在光照模型计算中使用扰动法向量,该技术被称为凹凸映射(Bump Mapping)。图 3.40 展示了凹凸映射的效果,其中图 3.40(a)为使用普通贴图的物体,图 3.40(b)为使用凹凸贴图的物体。

(a) 普通贴图　　　　　(b) 凹凸贴图

图 3.40　凹凸映射效果

凹凸贴图通过模拟表面的小位移来使渲染的表面看起来更逼真。然而,与置换贴图不同的是,表面几何形状不会被修改。相反,只是表面法线被修改,就好像表面已被置换一样。然后将修改后的表面法线用于照明计算(如使用 Phong 反射模型),给出细节外观而不是平滑表面。与置换贴图相比,凹凸贴图速度更快,并且消耗的资源更少,因为几何体保持不变。除了增加深度感之外,还有一些扩展可以修改其他表面特征。视差映射和水平映射就是两个这样的扩展。凹凸贴图的主要限制是它只扰动表面法线而不改变底层表面本身。因此,轮廓和阴影不受影响,这对于较大的模拟位移尤其明显。这个限制可以通过一些技术来改善,例如将凸块应用到表面的位移映射或使用等效面。

有两种主要的方法来实现凹凸贴图。第一个使用高度图来模拟产生修改法线的表面位移,这是 Blinn 发明的方法,除非另有说明,否则这种方法通常称为凹凸映射。该方法的步骤总结如下。

(1)在高度图中查找与表面上的位置相对应的高度。

(2)计算高度图的表面法线,通常使用有限差分法。

(3)将第二步中的表面法线与真正的集合表面法线组合起来,使组合的法线指向一个新的方向。

(4)使用如 Phong 反射模型计算新的凹凸表面与场景中的灯光的相互作用。

使用这种方法能生成真实凹凸的表面。该算法还确保表面外观随着场景中的灯光移动而发生变化。另一种方法是直接指定一个法线贴图,其中包含曲面上每个点的修改法线。由于法线是直接指定的,而不是从高度图派生的,这种方法通常会产生更可预测的结果,是当今最常见的凹凸贴图方法。

凹凸映射和颜色纹理映射除了对纹理属性值的使用方式不同外,其他的概念如纹理函数的定义、映射函数的定义和纹理映射的实施技术都是相通的。比如,在这里,纹理函数也可理解为定义在 [0,1]×[0,1] 上。可以认为给出了纹理函数在 [0,1]×[0,1] 内的 $m×n$ 是以 $m×n$ 数字图像的形式给出,这时可以认为给出了纹理函数在 [0,1]×[0,1] 内的 $m×n$ 个点的均匀采样,[0,1]×[0,1] 内非采样点的纹理函数值可以以双线性插值的方法得到。

4. 环境映射

环境映射技术首先由 Blinn 和 Newell 在 1976 年提出。环境映射是一种用来模拟光滑表面对周围环境的反射的技术，常见的如镜子、光亮漆面的金属等。这种技术主要通过将一张带有周围环境的贴图附在所需要表现的多边形表面来实现。在实时 3D 游戏画面渲染中经常使用的有两种环境映射。球形环境映射是模拟在球体表面产生环境映射的技术，通过对普通贴图的 uv 坐标进行调整计算来产生在球体表面应产生的扭曲。这种实现方法比传统的光线跟踪算法效率更高，但是需要注意的是这种方法是实际反射的一种近似，有时甚至是非常粗糙的近似。这种技术的一个典型的缺点是没有考虑自反射，即无法看到物体反射的自身的某一部分。

环境映射也称为反射贴图（Reflection Mapping），把反射对象当作一个虚拟眼睛，生成一张虚拟的纹理图，然后把该纹理图映射到反射对象上，得到的图像就是该场景的一个影像。主要实现的功能是使物体表面能显示出真实场景。

1）标准环境映射

标准环境映射，常用的名称是球形环境映射，是反射无限远环境物体的纹理球面的应用。使用鱼眼镜头、预渲染或者光探头生成球形纹理，然后将这个纹理映射到空球表面，通过计算物体上各点的光向量到达环境图上的纹素确定纹素的颜色。这项技术类似于光线跟踪，但是由于所需物体各点的所有颜色图形处理单元已经预先知道，因此所需做的就是计算入射与反射角度。球形映射有一些明显的限制，其中之一是由于纹理属性的原因，在球形映射物体的后面会有一个突变点。下面的立方映射就是为了解决这个问题而开发出来的，如果能够正确生成与滤波，立方映射就没有明显的接缝，所以很显然它是旧的球形映射的替代者，球形环境映射在当今的图形应用中几乎已经销声匿迹了。

2）立方反射映射

立方反射映射是用立方映射使得物体看起来如同在反射周围环境的一项技术。这通常使用户外渲染中的天空盒（Skybox）完成。由于反射物周围的物体无法在结果中看到，所以这并不是一个真正的反射，但是仍然可以达到所期望的效果。通过确定观察物体的向量就可以进行立方映射反射，照相机光线在照相机向量与物体相交的位置按照曲面法线方向进行反射，这样传到立方图取得纹素的反射光线在照相机看来好像位于物体表面，这样就得到了物体的反射效果。

3.5 VR 三维建模技术

三维建模技术

虚拟环境建模的目的在于获取实际三维环境的三维数据，并根据其应用的需要，利用获取的三维数据建立相应的虚拟环境模型。只有设计出反映研究对象的真实有效的模型，虚拟现实系统才有可信度。

虚拟现实系统中的虚拟环境可能有下列几种情况。

（1）模仿真实世界中的环境（系统仿真）。

（2）人类主观构造的环境。

（3）模仿真实世界中人类不可见的环境（科学可视化）。

三维建模一般主要是三维视觉建模。三维视觉建模可分为几何建模、物理建模和行为建模。

3.5.1　几何建模

几何建模是开发虚拟现实系统过程中最基本、最重要的工作之一。虚拟环境中的几何模型是物体几何信息的表示，设计表示几何信息的数据结构、相关的构造与操纵该数据结构的算法。

三维几何建模是通过在模拟的三维空间中操纵边、顶点和多边形，并通过专用软件在三维中开发基于数学坐标的对象表面的表示的过程。三维模型使用 3D 空间中的点集合表示物理体，这些点由三角形、线、曲面等各种几何实体连接。作为数据（点和其他信息）的集合，3D 模型可以手动、算法（程序建模）或扫描创建。它们的表面可以用纹理映射进一步定义。

目前，计算机内部表示三维形体数据结构有三种存储模式，同时也就决定了形体的三种表达模型，即线框模型、表面模型和实体模型。

1. 线框模型

三维线框模型是在二维线框模型的基础上发展起来的。线框模型采用顶点表和边表两个表的数据结构来表示三维物体，顶点表记录各顶点的坐标值，边表记录每条边所连接的两个顶点。由此可见，三维物体可以用它的全部顶点及边的集合来描述，线框一词由此而来。线框模型的优点主要是可以产生任意视图，视图间能保持正确的投影关系；线框模型的缺点也很明显，物体的真实形状须由人脑的解释才能理解，因此容易出现二义性。

2. 表面模型

表面模型通常用于构造复杂的曲面物体，构形时常常利用线框功能，先构造一线框图，然后用扫描或旋转等手段变成曲面，当然也可以用系统提供的许多曲面图素来建立各种曲面模型。与线框模型相比，其数据结构方面多了一个面表。记录了边、面间的拓扑关系，但仍旧缺乏面、体间的拓扑关系，无法区别面的哪一侧是体内、哪一侧是体外，依然不如实体模型直观。

3. 实体模型

实体模型与表面模型的不同之处在于确定了表面的哪一个面存在实体这个问题。实体模型的数据结构比较复杂，可能会有许多不同的结构。但有一点是肯定的，即数据结构不仅记录了全部几何信息，而且记录了全部点、线、面、体的拓扑信息，这是实体模型与线框或表面模型的根本区别。

虽然上述几何模型的表示方法是基础，但对于虚拟现实系统而言，很少会采用这些基础的编程方法来开发几何建模对象，而是借助一些现有的图形软件，如 3ds Max、Maya、Blender 等；或者借助一些成熟的硬件设备，如三维扫描仪等。需要注意的是，这些软件和硬件都有自己特定的文件格式，在导入虚拟现实系统时需要做适当的文件格式转换。图 3.41 展示了应用 3ds Max 制作的游戏人物形象。

图 3.41　应用 3ds Max 制作的游戏人物形象

3.5.2　物理建模

在虚拟现实系统中，虚拟对象必须像真的一样，这需要体现对象的物理特性，包括重力、惯性、表面硬度、柔软度和变形模式等，这些特征与几何建模相融合，形成更具有真实感的虚拟环境。例如，用户用虚拟手握住一个球，如果建立了该球的物理模型，用户就能够真实地感觉到该球的重量、硬软程度等。

物理建模是虚拟现实中较高层次的建模，它需要物理学和计算机图形学的配合，涉及力学反馈问题，重要的是重量建模、表面变形和软硬度的物理属性的体现。分形技术和粒子系统就是典型的物理建模方法。

1. 分形技术

分形技术是指可以描述具有自相似特征的数据集。在虚拟现实系统中，一般仅用于静态远景的建模。自然界存在的典型景物如高山、沙漠、海滨、白云，这些都是大自然多姿多彩的美丽景色，也是传统数学难以描述的怪异曲线、曲面。在虚拟现实系统的虚拟世界中，必然要出现这些怪异的曲线、曲面，既然传统的数学对其难以描述，必然要借助新的数学工具。分形理论认为，分形曲线、曲面具有精细结构，表现为处处连续，但往往是处处不可导，其局部与整体存在惊人的自相似性。因此，分形技术是指可以描述具有自相似特征的数据集。自相似特征的典型例子是树。若不考虑树叶的区别，当我们靠近树梢时，树的细梢看起来也像一棵大树。由相关的一组树梢构成一根树枝，从一定距离观察时也像一棵大树，如图 3.42 所示。这种结构上的自相似称为统计意义上的自相似。自相似结构可用于复杂的不规则外形物体的建模。该技术首先用于水流和山体的地理特征建模。如图 3.43 所示，

图 3.42　树枝的自相似形态

可以利用三角形生成一个随机高程的地理模型，取三角形三边的中点并按顺序连接起来，将三角形分割成4个三角形，同时，给每个中点随机地赋一个高程值，然后递归上述过程，就可以产生相当真实的山体了。

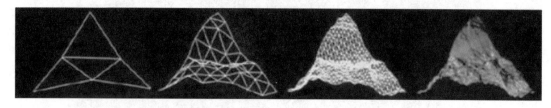

图 3.43　分形技术模拟山体形态

分形技术的优点是简单的操作就可以完成复杂的不规则物体的建模，缺点是计算量太大。因此，在虚拟现实中一般仅仅用于静态远景的建模。

2. 粒子系统

粒子系统表示三维计算机图形学中模拟一些特定的模糊现象的技术，而这些现象用其他传统的渲染技术难以实现真实感的游戏图形。经常使用粒子系统模拟的现象有火、爆炸、烟、水流、火花、落叶、云、雾、雪、尘、流星尾迹或者像发光轨迹这样的抽象视觉效果等。粒子系统是一种典型的物理建模系统。

通常粒子系统在三维空间中的位置与运动是由发射器控制的。发射器主要由一组粒子行为参数以及在三维空间中的位置所表示。粒子行为参数可以包括粒子生成速度（即单位时间粒子生成的数目）、粒子初始速度向量（如什么时候向什么方向运动）、粒子寿命（经过多长时间粒子湮灭）、粒子颜色、在粒子生命周期中的变化以及其他参数等。

典型的粒子系统更新循环可以划分为两个不同的阶段：模拟阶段以及渲染阶段。每个循环执行每一帧动画。

1）模拟阶段

在模拟阶段，根据生成速度以及更新间隔计算新粒子的数目，每个粒子根据发射器的位置及给定的生成区域在特定的三维空间位置生成，并且根据发射器的参数初始化每个粒子的速度、颜色、生命周期等参数。然后检查每个粒子是否已经超出了生命周期，一旦超出就将这些粒子剔出模拟过程，否则就根据物理模拟更改粒子的位置与特性，这些物理模拟可能像将速度加到当前位置或者调整速度抵消摩擦这样简单，也可能像将外力考虑进物理抛射轨迹那样复杂。另外，经常需要检查与特殊三维物体的碰撞以使粒子从障碍物弹回。由于粒子之间的碰撞计算量很大并且对于大多数模拟来说没有必要，所以很少使用粒子之间的碰撞。

2）渲染阶段

在更新完成之后，通常每个例子用经过纹理映射的四边形 sprite 进行渲染，也就是说四边形总是面向观察者的。但是，这个过程不是必需的，在一些低分辨率或者处理能力有限的场合，粒子可能仅仅渲染成一个像素，在离线渲染中甚至渲染成一个圆球，从粒子圆球计算出的等效面可以得到相当好的液体表面。另外，也可以用三维网格渲染粒子。

图 3.44 是使用粒子系统建模的烟花效果图。

图 3.44 粒子系统建模的烟花

3.5.3 行为建模

虚拟现实的本质就是客观世界的仿真或折射,虚拟现实的模型则是客观世界中物体或对象的代表。而客观世界中的物体或对象除了具有表观特征如外形、质感以外,还具有一定的行为能力,并且服从一定的客观规律。

行为建模是探索一种能够尽可能接近真实对象行为的模型,使人能够按照这种模型方便地构造出一个行为上真实的虚拟实体对象。行为建模赋予了虚拟对象"与生俱来"的行为和反应能力,并且遵从一定的客观规律,它起源于人工智能领域的基于知识系统、人工生命和行为的系统。

虚拟环境中虚拟实体对象的行为可以分为两类:需要用户控制的行为和不需要用户控制的行为。

(1)需要用户控制的行为:这类行为往往需要接受用户的输入并做出相应的动作。虚拟对象随着位置、碰撞、缩放和表面变形等变化而动态产生的变化属于这类行为,这是虚拟环境中最难处理的问题之一。例如碰撞问题,检测虚拟对象间是否发生碰撞只是解决碰撞问题的第一步,还要处理与虚拟对象间的碰撞造成的各种形变以及由碰撞而产生的声音,甚至需要将碰撞产生的力感变化反馈给用户。

(2)不需要用户控制的行为:这类行为一般不需要从用户获得输入,而是从计算机系统或者与虚拟环境相连接的外部传感器获得输入。例如虚拟环境中时钟的运动就是从计算机系统时钟获取输入,虚拟环境中的温度计则需要从与虚拟环境相连接的温度传感器中获取实时的环境温度,而虚拟的人工鱼在虚拟海洋中的游动完全由"自治代理"控制。

由此可知,行为建模主要研究的内容是模型对其行为的描述以及如何决策运动。目前,已有的行为建模方法大致分为五种:基于 Agent 的行为建模、基于状态图的行为建模、基于物理的行为建模、基于特征的行为建模和基于事件驱动的行为建模。

本 章 小 结

本章介绍了虚拟现实技术学习的相关理论基础，主要包括计算机图形学经典理论知识和三维建模技术。介绍了计算机图形学的经典核心体系：图形系统、几何变换、二维和三维观察以及真实感图形。同时还介绍了 VR 三维建模技术，包括几何建模、物理建模与行为建模等。掌握计算机图形学和三维建模理论基础，能够帮助读者更好地理解虚拟现实相关知识与技术，有利于后续的学习。

思 考 题

1. 简述计算机图形系统的组成及相互关系。
2. 图形渲染有几个阶段？每个阶段的作用分别是什么？
3. 什么是几何变换？二维几何变换与三维几何变换的区别是什么？
4. 三维几何变换的类型有哪些？
5. 简述三维观察的过程。
6. 平行投影与透视投影的区别是什么？
7. 计算机生成真实感图形的流程是什么？
8. 如何确定遮挡关系？
9. 光照的类型有哪些？
10. 明暗处理的算法有哪些？
11. 三维建模技术有哪些类型？

第 **4** 章

虚拟现实开发技术基础

本章以 Unity 3D 引擎和 Unreal Engine 4 引擎为例，从解释引擎核心概念开始，逐步介绍虚拟现实开发中主要涉及的知识和基础操作，同时还会浅显地解释虚拟现实引擎开发脚本的基础知识。此外本章最后还介绍了三维动画的基础知识，并以 Unity 3D 动画系统为例，展示了三维动画开发的基础操作。

4.1 Unity 3D 基础

Unity 3D
简介

4.1.1 Unity 3D 简介

Unity 3D 引擎是由 Unity Technologies 公司研发的 3D 图形引擎，Unity 是当前业界领先的 VR/AR 内容制作工具之一，是大多数 VR/AR 创作者首选的开发工具，世界上超过半数的 VR/AR 内容是由 Unity 制作完成的。Unity 为制作优质的 VR 应用程序提供了一系列先进的解决方案，且 Unity 支持市面上绝大多数的硬件平台。Unity 3D 可以运行在 Windows 和 macOS X 下，可发布游戏至 Windows、Mac、iOS、Android、PlayStation 和 WebGL 平台。也可以利用 Unity Web Player 插件发布网页游戏，支持 macOS 和 Windows 平台的网页浏览，是一个全面整合的专业游戏引擎。

1. Unity 集成开发环境的搭建

本节将介绍 Unity 3D 引擎的安装步骤和初步使用，Unity 3D 引擎的下载与安装十分便捷，开发者可根据个人计算机的类型有选择地安装基于 Windows 平台或 macOS 平台的 Unity 3D 软件。

下面介绍 Unity 3D 引擎在 Windows 平台下的下载与安装步骤。

打开 Unity 官网 www. unity.cn，单击下载 Unity 按钮，如图 4.1 所示。

单击后会弹出 Unity 所有版本的下载，如图 4.2 所示。

推荐下载长期支持版本，单击"下载（Win）"按钮开始下载，下载完成后打开安装包，选择安装路径进行安装。

图 4.1　Unity 官网

图 4.2　Unity 下载界面

Unity 支持同时安装多个版本,如果有多版本共存的需求,可下载 Unity Hub 工具,通过 Unity Hub 安装 Unity 3D 引擎。

在 Unity 下载页面单击"下载 Unity Hub"按钮进行下载,如图 4.3 所示。

安装后并完成注册,打开刚刚安装好的 Unity Hub,单击"安装"按钮,选择一个 Unity 版本进行安装,如图 4.4 所示。

2. Unity 3D 编辑器界面和菜单介绍

下面将逐一介绍 Unity 3D 引擎中最常用的窗口以及它们的详细用法。

图 4.3 Unity Hub

图 4.4 Unity Hub 下安装 Unity 3D 引擎

（1）场景窗口（Scene）：场景窗口是用来编辑游戏世界的窗口，是 Unity 3D 的编辑面板，可以将所有的模型、灯光以及其他材质对象拖放到该场景中，构建游戏中所需呈现的景象。在场景窗口中选择和移动物体是大多数人学习 Unity 的第一步。

（2）游戏窗口（Game）：与场景窗口不同，游戏窗口是用来渲染场景面板中景象的，是实际游戏中看到的画面。该面板不能用作编辑，但却可以呈现完整的动画效果。

（3）层级窗口（Hierarchy）：该面板栏主要功能是显示放在场景窗口中所有的物体对象，其中某些对象是独立的游戏对象，而某些则是预制体（Prefab）。任何新建的或者被删除的对象都会在层级窗口中反映出来。

（4）项目文件栏（Project）：该面板栏主要功能是显示该项目文件中的所有资源列表，除了模型、材质、字体外，还包括该项目的各个场景文件。

93

（5）检视窗口（Inspector）：该面板栏会呈现出任何对象所固有的属性，每个游戏对象可能包括脚本、变换和碰撞体等多规格组件，在检视窗口可以直接修改这些组件的属性，包括三维坐标、旋转量、缩放大小、脚本的变量和对象等。

（6）场景调整工具：可改变用户在编辑过程中的场景视角，物体世界坐标和本地坐标的更换，物体法线中心的位置，以及物体在场景中的坐标位置、缩放大小等。

（7）播放、暂停、逐帧按钮：用于运行游戏、暂停游戏和逐帧调试程序。当按下运行按钮，Unity 进入运行状态，游戏窗口所显示的大致画面就是用户所看到的画面。当在运行状态下按下暂停按钮时，就可以进入暂停状态。暂停状态下游戏依然在运行，只是游戏时间被暂停，这个状态可以方便地查看游戏瞬间的状态。

（8）层级显示按钮：勾选或取消该下拉框中对应层的名字，就能决定该层中所有物体是否在场景面板中被显示。

（9）版面布局按钮：调整该下拉框中的选项，即可改变编辑面板的布局。

（10）菜单栏：和其他软件一样，包含了软件几乎所有要用到的工具下拉菜单。

3. Unity 3D 窗口布局

Unity 中预制了几种布局，适用于某些典型的应用场景。

1）默认布局

打开 Unity 3D，一般默认看到的窗口布局如图 4.5 所示，Hierarchy 视图放在左上角，Scene 视图放在中间，而 Inspectors 视图放在右侧，在下方放置的是 Project 视图。此布局比较适合较小的显示器，很常用。

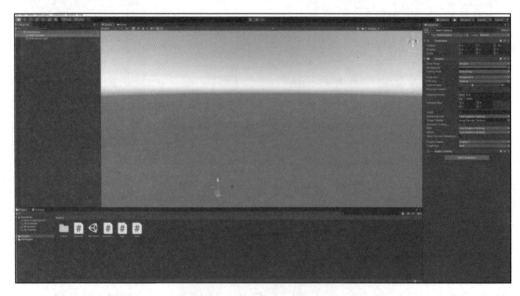

图 4.5　Unity 编辑器默认布局

2）2 by 3 窗口布局

单击菜单栏上的 Window 菜单，在下拉框中选择 Layouts → 2 by 3，将展示 2 by 3 窗口布局，如图 4.6 所示，此窗口布局是一个经典的布局，可以同时看到场景视图和游戏视图，很多开发人员都使用这样的布局。

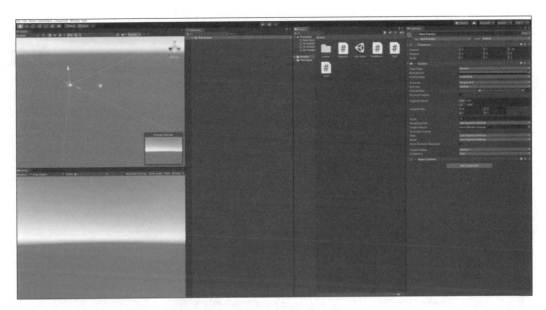

图 4.6　Unity 编辑器 2 by 3 布局

3）Split 窗口布局

单击菜单栏上的 Window 菜单，在下拉框中选择 Layouts → 4 Split，将展示 4 Spilt 窗口布局，如图 4.7 所示，此布局呈现 4 个场景视图，通过控制 4 个场景可以更清楚地进行场景的搭建。

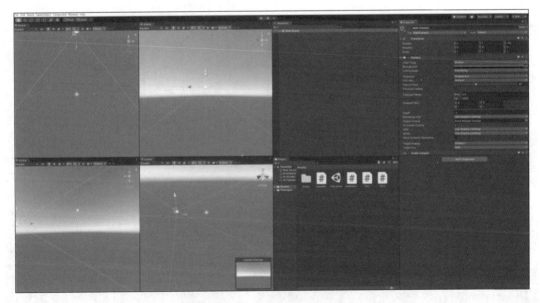

图 4.7　Unity 编辑器 Split 布局

4）Tall 窗口布局

单击菜单栏上的 Window 菜单，在下拉框中选择 Layouts → Tall，将展示 Tall 窗口布局，如图 4.8 所示，此视图将 Hierarchy 视图与 Project 视图放置在 Scene 视图的右方。

图 4.8　Unity 编辑器 Tall 布局

5）Wide 窗口布局

单击菜单栏上的 Window 菜单，在下拉框中选择 Layouts → Wide，将展示 Wide 窗口布局，如图 4.9 所示，此布局将 Inspectors 视图放置在最右侧，将 Hierarchy 视图与 Project 视图放置在一列。

图 4.9　Unity 编辑器 Wide 布局

除了上述几种 Unity 自带的编辑器布局，我们也可以自定义编辑器窗口布局，让它更符合自己的操作习惯。

4.1.2 Unity 3D 开发语言 C# 简介

C#简介与
Unity 3D
脚本

C# 是微软推出的一种基于 .NET 框架的、面向对象的高级编程语言。C# 由安德斯·海尔斯伯格主持开发，微软在 2000 年发布了这种语言，并在 2002 年被 ECMA（ECMA-334）和 2003 年被 ISO（ISO/IEC 23270）批准为国际标准。截至 2021 年，该语言的最新版本是 C# 10.0，它于 2021 年在 .NET 6.0 中发布。

C# 是一种由 C 和 C++ 派生出来的面向对象的编程语言。它在继承 C 和 C++ 强大功能的同时，去掉了一些它们的复杂特性，成为 C 语言家族中的一种高效强大的编程语言。C# 以 .NET 框架类库作为基础，拥有类似 Visual Basic 的快速开发能力。C# 使得 C++ 程序员可以高效地开发程序，且因可调用由 C/C++ 编写本机原生函数，而绝不损失 C/C++ 原有的强大的功能。因为这种继承关系，C# 与 C/C++ 具有极大的相似性，熟悉类似语言的开发者可以很快地转向 C#。此外，C# 看起来与 Java 也有着惊人的相似，C# 包括诸如单一继承、接口、与 Java 几乎同样的语法和编译成中间代码再运行的过程。但是 C# 与 Java 有着明显的不同，C# 与 COM（组件对象模型）是直接集成的，而且它是微软公司 .NET Windows 网络框架的主角。

1. 设计目标

ECMA 标准列出的 C# 设计目标如下。

- C# 旨在设计成为一种简单、现代、通用以及面向对象的程序设计语言。
- 此种语言的实现，应提供对于以下软件工程要素的支持：强类型检查、数组维度检查、未初始化的变量引用检测和自动垃圾收集（Garbage Collection，指一种存储器自动释放技术）。软件必须做到强大、持久，并具有较强的编程生产力。
- 此种语言为在分布式环境中的开发应用提供适用的组件。
- 为使程序员容易迁移到这种语言，源代码的可移植性十分重要，尤其是对于那些已熟悉 C 和 C++ 的程序员而言。
- 对国际化的支持非常重要。
- C# 适合为独立和嵌入式的系统编写程序，从使用复杂操作系统的大型系统到特定应用的小型系统均适用。
- 尽管 C# 应用程序在内存和处理能力方面要求经济，但该语言并不打算直接与 C 或汇编语言在性能和程序大小上竞争。

2. C# 独有特点

C# 是一种通用的多范式编程语言。C# 包含静态类型、强类型、词法范围、命令式、声明式、函数式、泛型、面向对象（基于类）和面向组件的编程规范。C# 相比于 Java 和 C++ 有如下独有特点。

1）基本数据类型

C# 拥有比 C/C++ 或者 Java 更广泛的数据类型。这些类型是 bool、byte、sbyte、short、ushort、int、uint、long、ulong、float、double 和 decimal，像 Java 一样，所有这些类型都有一个固定的大小。又像 C 和 C++ 一样，每个数据类型都有符号和无符号两种类型。

与 Java 相同的是，一个字符变量包含的是一个 16 位的 Unicode 字符，C# 新的数据类型是 decimal 数据类型，对于货币数据，它能存放 28 位十进制数字。

2）两个基本类

一个名叫 object 的类是所有其他类的基类。而一个名叫 string 的类也像 object 一样是这个语言的一部分。作为语言的一部分存在意味着编译器有可能使用它，无论何时在程序中写入一句带引号的字符串，编译器会创建一个 string 对象来保存它。

3）参数传递

方法可以被声明接受可变数目的参数。缺省的参数传递方法是对基本数据类型进行值传递。ref 关键字可以用来强迫一个变量，通过引用传递使得一个变量可以接受一个返回值。out 关键字也能声明引用传递过程，与 ref 不同的地方是，它指明这个参数并不需要初始值。

4）COM 的集成

C# 对 Windows 程序最大的卖点可能就是它与 COM 的无缝集成了，COM 就是微软的 Win32 组件技术。C# 编写的类可以子类化一个已存在的 COM 组件，生成的类可以作为一个 COM 组件使用。

5）索引向下

索引与属性不使用属性名来引用类成员，而是用一个方括号中的数字来匿名引用（就像用数组下标一样），除此以外是相似的。

6）代理和反馈

一个代理对象包括了访问一个特定对象的特定方法所需的信息。代理对象可以被移动到另一个地方，然后可以通过访问它来对已存在的方法进行类型安全的调用。反馈方法是代理的特例。event 关键字用在事件发生时被当成代理调用的方法声明中。

3. C#Hello World 实例

下面介绍一个在命令行上输出 Hello World 的小程序，这种程序通常作为开始学习程序语言的第一个步骤。

一个 C# 程序主要包括以下部分：命名空间声明（Namespace declaration）、一个 Class、Class 方法、Class 属性、一个 Main 方法、语句（Statements）、表达式（Expressions）和注释。

C# 文件的后缀为 .cs。以下创建一个 test.cs 文件，文件包含了可以输出 "Hello World" 的简单代码：

```
using system;
namespace HelloWorldApplication
{
    class HelloWorld
    {
        static void Main(string[] args)
        {
            /* Hello World */
            Console.WriteLine("Hello World");
        }
    }
}
```

当上面的代码被编译和执行时，它会在控制台打印出 Hello World。程序的第一行 using System 中 using 关键字用在程序中包含 System 命名空间，一个程序一般有多个 using 语句。第二行是 namespace 声明，一个 namespace 里包含了一系列的类，HelloWorldApplication 命名空间包含了类 HelloWorld。第三行是 class 声明，类 HelloWorld 包含了程序使用的数据和方法声明，类一般包含多个方法，方法定义了类的行为。在这里，HelloWorld 类只有一个 Main 方法。第四行定义了 Main 方法，是所有 C# 程序的入口点。Main 方法说明当执行时，类将做什么动作。第五行 /*...*/ 将会被编译器忽略，它会在程序中添加额外的注释。Main 方法通过语句 Console.WriteLine("Hello World") ; 指定了它的行为。WriteLine 是一个定义在 System 命名空间中的 Console 类的一个方法。该语句会在屏幕上显示消息 Hello World。

此外需要注意如下几点。

- C# 是大小写敏感的。
- 所有的语句和表达式必须以分号（；）结尾。
- 程序的执行从 Main 方法开始。
- 与 Java 不同的是，文件名可以不同于类的名称。

4.1.3 Unity 3D 脚本

1. Unity 脚本概述

Unity 3D 脚本用来界定用户在游戏中的行为，是游戏制作中不可或缺的一部分，它能实现各个文本的数据交互并监控游戏运行状态。大多数应用程序都需要脚本来响应玩家的输入并安排游戏过程中应发生的事件。除此之外，脚本可用于创建图形效果，控制对象的物理行为，甚至为游戏中的角色实现自定义的 AI 系统。

Unity 将场景内的对象统称为游戏对象（GameObject），游戏对象的行为由附加到它们的组件控制，虽然 Unity 预制了丰富的组件供开发者使用，但是更多个性化的功能需要由脚本来实现，Unity 允许开发者使用脚本创建自己的组件。

Unity 3D 现在支持 C# 和 JavaScript 两种语言，使用 JavaScript 语言更容易上手，而 C# 语言在编程理念上更加符合 Unity 3D 引擎原理，本章主要使用 C# 语言讲解 Unity 3D 脚本。

Unity 支持两款集成开发环境（IDE）：Visual Studio 和 Visual Studio Code。其中 Visual Studio 是 Windows 和 macOS 上的默认集成开发环境，在 Windows 和 macOS 上安装 Unity，默认情况下会安装 Visual Studio。如果计算机内安装了多个 IDE，那么可以在 Unity 引擎的首选项（Preference）中设置默认 IDE。

2. Unity 脚本基础

首先打开一个 Unity 项目并在项目中新建一个脚本，与大多数其他资源不同，脚本通常直接在 Unity 中创建，新建脚本有两种方法：①在 Project（工程）面板左上方的 Create 菜单新建脚本；②主菜单选择 Assets → Create → C# Script 新建脚本。新建的脚本默认名称为 NewBehaviourScript。

打开新建的脚本文件，可以看到如下内容：

```
using system.Collections;
using system.Collections.Generic;
using UnityEngine;

public class NewBehaviourScript : MonoBehaviour
{
    void Start()
    {

    }

    void Update()
    {

    }
}
```

可以看到这个脚本文件名为 NewBehaviourScript，引用了 UnityEngine 这个命名空间，组件类型和脚本文件名相同为 NewBehaviourScript，继承了 MonoBehaviour，有两个默认生成的 Start() 函数和 Update() 函数。接下来将逐一解释这些内容。

为了连接到 Unity 的内部架构，脚本将实现一个类，此类从 MonoBehaviour 的内置类派生而来。可以将类视为一种蓝图，用于创建可附加到游戏对象的新组件类型。每次将脚本组件附加到游戏对象时，都会创建该蓝图定义的对象的新实例。类的名称取自创建文件时提供的名称。类名和文件名必须相同才能使脚本组件附加到游戏对象。

Start() 函数在游戏开始运行时执行一次，此函数是进行初始化的理想位置。Update() 函数则是每一帧执行一次，用于处理游戏对象的帧更新。这可能包括移动、触发动作和响应用户输入，基本上涉及游戏运行过程中随时间推移而需要处理的任何事项，需要注意的是，Update() 函数执行的频率在不同设备上有所差别，特别是当系统资源不足时，帧数不稳定会让 Update() 函数执行的频率也不稳定，因此 Update() 函数实际执行的频率是变化的。

4.1.4 Unity 3D 开发常用技术

Unity 3D 地形系统与光照系统

1. 地形系统

在三维游戏世界中，通常会将很多丰富多彩的游戏元素融合在一起，比如游戏中起伏的地形、郁郁葱葱的树木、蔚蓝的天空、漂浮在天空中的朵朵祥云、凶恶的猛兽等，让玩家置身游戏世界，忘记现实。地形作为游戏场景中必不可少的元素，作用非常重要。

Unity 编辑器中包含一组内置的地形（Terrain）系统，可用于向游戏中添加景观。支持以笔刷方式精细地雕刻出山脉、峡谷、平原和盆地等地形，同时还包含了材质纹理、动植物等功能，可以让开发者实现游戏中任何复杂的游戏地形。

要在场景中添加地形游戏对象，从菜单中选择 GameObject → 3D Object → Terrain。此过程也会在 Project 视图中添加相应的地形资源。执行此操作时，地形最初是一个大型平坦的平面。地形的 Inspector 窗口提供了许多工具，可使用这些工具创建细节化的景观特征。

地形组件的工具栏提供了五个选项来调整地形，具体如下。

- 为创建相邻的地形。
- 为雕刻和绘制地形。
- 为添加树。
- 为添加草、花和岩石等细节。
- 为更改所选地形的常规设置。

Unity 3D 创建地形时采用了默认的地形大小、宽度、厚度、图像分辨率和纹理分辨率等，这些数值是可以任意修改的。选择创建的地形，在 Inspector 视图中找到 Resolution 属性面板，其参数如图 4.10 所示。

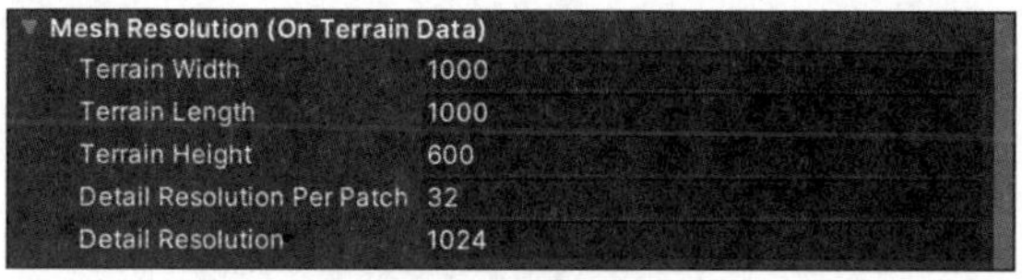

Mesh Resolution (On Terrain Data)	
Terrain Width	1000
Terrain Length	1000
Terrain Height	600
Detail Resolution Per Patch	32
Detail Resolution	1024

图 4.10 地形分辨率

1）地形工具

Unity 中包含了 6 个基本的地形工具，要访问地形绘制工具，单击 Hierarchy 窗口中的 Terrain 对象，然后打开 Inspector 窗口。在 Inspector 中，单击画笔图标即可显示地形工具列表。

（1）Raise or Lower Terrain

使用 Raise or Lower Terrain 工具可改变地形区块的高度。要访问该工具，请单击 Paint Terrain 图标，然后在下拉菜单中选择 Raise or Lower Terrain。从面板中选择画笔，然后单击并在地形对象上拖动光标以提高其高度。在按住 Shift 键的同时，单击并拖动可降低地形高度。

使用 Brush Size 滑动条可控制工具的大小，以创建从大山到微小细节的不同效果。Opacity 滑动条可确定画笔应用于地形时的强度。Opacity 值为 100 表示将画笔设置为全强度，而值为 50 则将画笔设置为半强度。使用不同的画笔可创建各种不同的效果。例如，可使用软边画笔增加高度，创建连绵起伏的山丘；使用硬边画笔降低一些区域的高度，切割出陡峭的悬崖和山谷。Raise or Lower Terrain 工具的使用效果如图 4.11 所示。

图 4.11 Raise or Lower Terrain 工具的使用效果

（2）Paint Holes

使用 Paint Holes 工具可隐藏地形的某些部分。此工具可用于在地形中绘制地层（如洞穴和悬崖）的开口。要访问该工具，请单击 Paint Terrain 图标，然后从下拉菜单中选择 Paint Holes。

要绘制空洞，请在地形上单击并拖动光标。在按住 Shift 键的同时，单击并拖动可从地形中抹去孔洞。使用 Brush Size 滑动条可控制工具的大小。Opacity 滑动条可确定画笔应用于地形时的强度。Paint Holes 工具的使用效果如图 4.12 所示。

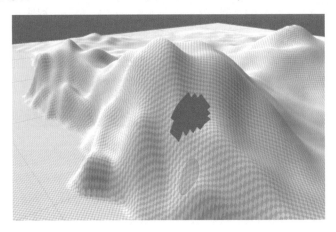

图 4.12　Paint Holes 工具的使用效果

（3）Paint Texture

使用 Paint Texture 工具可将纹理（如草、雪或沙）添加到地形上。允许直接在地形上绘制平铺纹理的区域。在 Terrain Inspector 中，单击 Paint Terrain 图标，然后从地形工具列表中选择 Paint Texture。

要配置该工具，必须先单击 Edit Terrain Layers 按钮以添加地形图层。添加的第一个地形图层将使用配置的纹理填充地形，可添加多个地形图层。选择要用于绘制的画笔，画笔是基于纹理（用于定义画笔的形状）的资源。从内置画笔中进行选择或创建自己的画笔，然后调整画笔的大小和强度。

最后，在 Scene 视图中，单击并在地形上拖动光标来创建平铺纹理的区域。可在区块边界上进行绘制，使相邻区域进行混合并具有自然逼真的外观。

（4）Set Height

Set Height 工具可将地形上某个区域的高度调整为特定值。使用 Set Height 工具进行绘制时，当前高于目标高度的地形区域会降低，而低于该高度的区域会升高。Set Height 可用于在场景中创建平坦的水平区域，例如高原或人造特征（如道路、平台和台阶）。

在 Height 字段中输入数值，或使用 Height 属性滑动条手动设置高度。或者按 Shift 键并单击地形在光标位置采样高度，类似于在图像编辑器中使用"吸管"工具的方式。

如果按 Height 字段下的 Flatten Tile 按钮，整个地形瓦片都将调整到指定的高度。这对于设置凸起的地平面很有用，例如，如果希望景观包括地平线上方的山丘和下方的山谷，便可使用此功能。如果按 Flatten All 按钮，那么场景中的所有地形瓦片都将调平。

（5）Smooth Height

Smooth Height 工具可以平滑高度贴图并柔化地形特征。在 Terrain Inspector 中，单击 Paint Terrain 图标，然后从地形工具列表中选择 Smooth Height。

Smooth Height 工具可以将附近区域平均化，柔化景观，并减少突然出现的变化；不会显著升高或降低地形高度。有些画笔图案往往会将尖锐的锯齿状边缘引入景观中，但使用 Smooth Height 工具会柔化这些粗糙外观。

（6）Stamp Terrain

使用 Stamp Terrain 工具在当前高度贴图之上标记画笔形状。如果一个纹理表示具有特定地质特征（如山丘）的高度贴图，需要使用该纹理创建自定义画笔，则 Stamp Terrain 将会有用。

2）绘制树

工具栏上的 Paint Trees 按钮可用于绘制树。

地形最初没有可用的树原型。为了开始在地形上绘制，需要添加树原型。单击 Edit Trees 按钮，然后选择 Add Tree。在此处，可从项目中选择树资源，并将其添加为树预制件以便与画笔结合使用。

选择要放置的树之后，可调整其设置以便自定义树的位置和特征。

当一棵树被选中时，可以在地表上用绘制纹理或高度图的方式来绘制树木，按住 Shift 键可从区域中移除树木，按住 Ctrl 键则只绘制或移除当前选中的树木。树木绘制效果如图 4.13 所示。

图 4.13 树木绘制效果

2. 光照

灯光决定了一个场景的基调，优秀的场景光影能给用户带来极大的视觉冲击。Unity 中光照的工作方式类似于光在现实世界中的情况。Unity 使用详细的光线工作模型来获得更逼真的结果，并使用简化模型来获得更具风格化的结果。

为了计算受光照影响的游戏对象的阴影效果，Unity 需要知道落在游戏对象上的光的强度、方向和颜色。该信息由光源提供。

可以在层级窗口中添加 Light 来创建光源，无论添加哪种光源都会自带 Light 组件。

Light 组件中有以下四种可供选择的光源类型。

1）点光源

点光源（Point Light）位于场景中的一个点，并在所有方向上均匀发光。照射到表面的光线的方向是从接触点返回到光源对象中心的线。强度随着远离光源而衰减，在到达指定距离时变为零。光照强度与距光源距离的平方成反比，这称为"平方反比定律"，类似于光在现实世界中的情况。

点光源可用于模拟场景中的灯和其他局部光源。还可以用点光源逼真地模拟火花或爆炸照亮周围环境。点光源效果如图 4.14 所示。

图 4.14　点光源效果

2）聚光灯

像点光源一样，聚光灯（Spot Light）具有指定的位置和光线衰减范围。不同的是聚光灯有一个角度约束，形成锥形的光照区域。锥体的中心指向光源对象的发光（z）方向。聚光灯锥体边缘的光线也会减弱。加宽该角度会增加锥体的宽度，并随之增加这种淡化的大小，称为"半影"。

聚光灯通常用于人造光源，例如手电筒、汽车前照灯和探照灯。通过脚本或动画控制方向，移动的聚光灯将照亮场景的一小块区域并产生舞台风格的光照效果。聚光灯效果如图 4.15 所示。

图 4.15　聚光灯效果

3）方向光

方向光（Direction Light）对于在场景中创建诸如阳光的效果非常有用。方向光在许多方面的表现很像太阳光，可视为存在于无限远处的光源。方向光没有任何可识别的光源位置，因此光源对象可以放置在场景中的任何位置。场景中的所有对象都被照亮，就像光线始终来自同一方向一样。光源与目标对象的距离是未定义的，因此光线不会减弱。

方向光代表来自游戏世界范围之外位置的大型远处光源。在逼真的场景中，方向光可用于模拟太阳或月亮。在抽象的游戏世界中，要为对象添加真实的阴影，而无须精确指定光源的来源，方向光是一种很有用的方法。方向光效果如图 4.16 所示。

图 4.16 方向光效果

4）区域光

区域光（Area Light）是通过空间中的矩形来定义的。光线在表面区域上均匀地向所有方向上发射，但仅从矩形的所在的面发射。无法手动控制区域光的范围，但是当远离光源时，强度将按照距离的平方成反比衰减。由于光照计算对处理器性能消耗较大，因此区域光不可实时处理，只能烘焙到光照贴图中。也就是说，区域光需要经过烘焙才能看到效果。区域光和方向光、点光源、聚光灯都不一样，它需要被照射的物体是静态的。

由于区域光同时从几个不同方向照亮对象，因此阴影与其他光源类型相比趋向于更柔和、细腻。可以使用这种光源创建逼真的路灯或靠近玩家的一排灯光。小的区域光可以模拟较小的光源（如室内光照），且效果比点光源更逼真。区域光效果如图 4.17 所示。

图 4.17 区域光效果

3. 天空盒

天空是摄像机在渲染帧之前绘制的一种背景类型。此类型的背景对于 3D 游戏和应用

程序非常有用,因为它可以提供深度感,使环境看上去比实际大得多。天空本身可以包含任何对象(如云、山脉、建筑物和其他无法触及的对象),以营造遥远三维环境的感觉。Unity 还可以将天空用于在场景中产生真实的环境光照。

天空盒是每个面上都有不同纹理的立方体。使用天空盒来渲染天空时,Unity 本质上是将场景放置在天空盒立方体中。Unity 首先渲染天空盒,因此天空总是在背面渲染。

Unity 提供了多个天空盒着色器供开发者使用。每个着色器使用一组不同的属性和生成技术。

1)六面天空盒

此天空盒着色器从六个单独纹理生成一个天空盒。每个纹理代表沿特定世界轴的天空视图。为了方便说明,可以将场景视为位于立方体内。每个纹理代表立方体的一个内表面,所有六个纹理结合在一起形成一个无缝环境。

要创建一个六面天空盒,需要六个单独纹理,这些纹理组合在一起可映射到如图 4.18 所示的网络布局。

为生成最佳的环境光照,六面天空盒纹理应使用高动态范围(HDR)。

2)立方体贴图天空盒

此天空盒着色器从单个立方体贴图资源生成一个天空盒。此立方体贴图由六个正方形纹理组成,代表全方位的整个天空视图。

3)全景天空盒

为了生成天空盒,全景着色器(Panoramic Shader)将单个纹理以球形包裹住场景。要创建全景天空盒,需要一个使用纬度/经度(圆柱形)贴图的 2D 纹理,如图 4.19 所示。

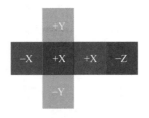

图 4.18　六面天空盒纹理

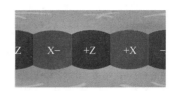

图 4.19　全景天空盒纹理

设置好的天空盒效果如图 4.20 所示。

图 4.20　天空盒效果

4.2 Unreal Engine4 基础

虚幻引擎 4
介绍

4.2.1 Unreal Engine4 简介

Unreal Engine4 又称 UE4 引擎，中文译为虚幻引擎 4，是由著名游戏公司 Epic Games 研发的 3D 图形引擎。虚幻引擎 4 是目前世界上较知名、授权较广的游戏引擎，占有全球商用游戏引擎 80% 的市场份额。Unreal Engine4 不仅高效、全能，还能直接预览开发效果，赋予开发者更强的能力。此外相比其他引擎，Unreal Engine4 引擎有一个极其重要的特性——蓝图可视化脚本工具，蓝图的工作方式是以各种节点连接成一个逻辑流程图，使用蓝图不需要掌握任何编程知识，不需要写一行代码就能完成一个完整的项目。同时 Unreal Engine4 的跨平台性可以完美支持 Windows、macOS、iOS、Android、PlayStation、Xbox 等主流平台。在 2015 年，Unreal Engine4 引擎宣布完全免费下载和使用。

1. Unreal Engine4 的下载与安装

Unreal Engine4 可免费下载和使用，用户可以获得 Unreal Engine4 的所有工具、免费示例内容、完整的 C++ 源代码，包括整个编辑器的代码及其所有工具。在 2015 年之前使用是需要支付一定费用的，现在用户不需要为引擎支付一分钱，只有在使用引擎盈利超 3000 美元后，才需要支付 5% 的技术使用费。

有两个不同的 Unreal Engine4 可以下载：启动器版和源码版。启动器版的引擎由官方进行编译，可通过 Epic Games 启动器进行下载。但因为启动器版本不生成解决方案文件，所以用户无法对引擎进行任何修改。用户可以在 Github 获得完整的引擎源码，自己进行编译，并且可以修改引擎中的任何内容。用户可以根据自己的需要下载相应的版本。但对于初学者来说更推荐使用启动器版本。

下面介绍 Unreal Engine4 启动器版本在 Windows 平台的下载和安装方式。

首先打开虚幻引擎的中文官方网站 https://www.unrealengine.com/zh-CN/，登录网址后单击网页右上方的"下载"按钮，如图 4.21 所示。

图 4.21 Unreal Engine 官网

单击后浏览器会自动下载 Epic Games 启动器（该启动器用以管理 Epic Games 旗下的各类产品），安装好 Epic Games 启动器后双击打开，第一次打开 Epic Games 启动器时系统会提示登录，可以在窗口下方单击"注册"按钮以注册 Epic Games 账号，如图 4.22 所示。

图 4.22　Epic Games 启动器登录界面

注册完成后会自动打开 Epic Games 启动器，如图 4.23 所示，依次单击"虚幻引擎"→"库"→"引擎版本"。

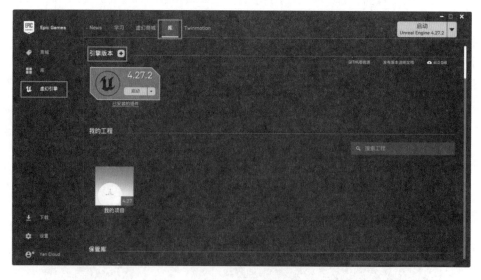

图 4.23　下载虚幻引擎

之后可以添加自己想要安装的引擎版本，如图4.24所示。

选择好引擎版本后，Epic Games启动器会自动进行下载安装。

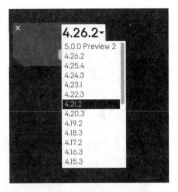

图4.24 选择引擎版本

2. Unreal Engine4关卡编辑器介绍

引擎安装完成后，下一步要了解Unreal Engine4的关卡编辑器，要进入Unreal Engine4关卡编辑器，首先需要创建一个项目。启动引擎后，系统会提示我们选择或新建项目。如图4.25所示，可创建四种类型的项目。在此选择游戏类型。

图4.25 新建项目类型

如图4.26所示，Unreal Engine4为开发者提供了数种游戏模板，开发者可以根据自己的项目需求使用合适的项目模板，能极大地提升开发效率。

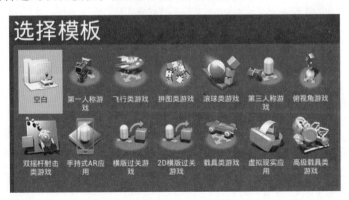

图4.26 游戏模板

当创建好项目之后，系统会自动打开Unreal Engine4关卡编辑器，编辑器界面如图4.27所示。

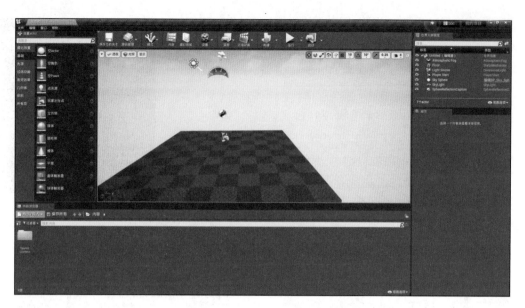

图 4.27　Unreal Engine4 关卡编辑器

关卡编辑器提供了关卡创建方面的核心功能。开发者可以用它创建、查看并修改关卡。主要通过放置和变换对象以及编辑对象的属性来修改关卡。

默认的关卡编辑器布局由以下几个部分组成。

1）选项卡和菜单栏

关卡编辑器的顶部有一个选项卡，名称是当前关卡的名称。其他编辑器窗口的选项卡可以停靠在该选项卡的旁边，以便快速、方便地进行导航，这和网页浏览器类似。选项卡名称本身将会反映出当前正在编辑的是哪个关卡。选项卡栏的右侧是当前项目的名称。菜单栏则提供了对编辑器中处理关卡时所用的通用工具和命令的访问权限。

2）工具栏

如图 4.28 所示，"工具栏"面板会显示一组命令，以便开发者快速访问一些常用工具和操作，如保存当前关卡、运行关卡、打开蓝图菜单等。

图 4.28　"工具栏"面板

3）视口

"视口"面板是用户进入虚幻引擎世界的窗口。该面板包含了一组视口，每个视口都可以最大化，使其填充整个面板，且提供了正交视图（顶视图、侧视图、前视图）或透视图显示世界的功能，用户可以充分地控制显示的内容及显示方式。"视口"面板如图 4.29 所示。

4）"细节"面板

"细节"面板包含了关于视口中当前选中对象的信息、工具及功能，也包含了用于移动、旋转及缩放对象的变换编辑框，显示了选中对象的所有可编辑属性，并提供了和视口中选

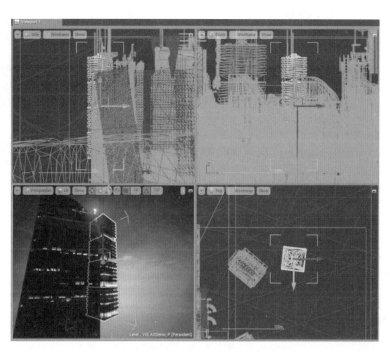

图 4.29 "视口"面板

中对象类型相关的其他编辑功能。比如，选中的对象可以导出到 FBX 文件中，并可以转换为另一种兼容类型。选项细节允许用户查看这些被选中的对象所使用的材质（如果存在），并可以快速地打开它们进行编辑。"细节"面板如图 4.30 所示。

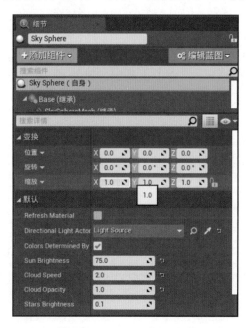

图 4.30 "细节"面板

5）世界大纲视图

世界大纲视图面板以层次化的树状图形式显示了场景中的所有对象。用户可以在世界

大纲视图中直接选择及修改对象。也可以使用
Information（信息）下拉菜单来显示额外的竖栏，
以便显示关卡、图层或 ID 名称。世界大纲视图
如图 4.31 所示。

图 4.31　世界大纲视图

6）"模式"面板

关卡编辑器可以进入不同的编辑模式，以启
用特定的编辑界面和工作流程，从而编辑特定类
型的对象或几何体。模式会针对特定任务，更改
关卡编辑器主要行为，例如在场景中移动变换某
个资产、雕刻地形、生成植被、创建几何笔刷和体积以及在网格体上绘制。模式面板包含
一组工具，并且这些工具会根据用户选择的编辑模式而调整。

7）内容浏览器

内容浏览器是虚幻编辑器的主要区域，用于在虚幻编辑器中创建、导入、组织、查看
及修改内容资产。它还提供了管理内容文件夹和对资产执行其他操作的能力（如重命名、
移动、复制和查看引用）。内容浏览器可以搜索游戏中的所有资产并与其交互。

虚幻 4 蓝
图可视化
脚本

4.2.2　蓝图可视化脚本

虚幻引擎中的蓝图可视化脚本系统是一个完整的游戏脚本系统，其理念是，在虚幻编
辑器中，使用基于节点的界面创建游戏可玩性元素。和其他一些常见的脚本语言一样，蓝
图的用法也是通过定义在引擎中的面向对象的类或者对象。在使用虚幻 4 的过程中，常常
会遇到在蓝图中定义的对象，并且常常直接称这类对象为"蓝图"。

该系统非常灵活、强大，因为它为设计人员提供了一般仅供程序员使用的所有概念及
工具。另外，在虚幻引擎的 C++ 实现上也为程序员提供了用于蓝图功能的语法标记，通
过这些标记，程序员能够很方便地创建一个基础系统，并交给策划在蓝图中对这样的系统
进行进一步扩展。

在其基本形式中，蓝图是游戏的可视化脚本附加。如图 4.32 所示，蓝图使用引线
连接节点、实践、函数和变量后即可创建复杂的游戏性元素。蓝图使用节点图表达到其
每个实例特有的目的（如目标构建、个体函数以及通用 gameplay 事件），以便实现其他
功能。

1. 常用蓝图类型

常见的蓝图类型有关卡蓝图（Level Blueprint）、蓝图类（Blueprint Class）、蓝图宏库
（Blueprint Macro）和蓝图接口（Blueprint Interface）。其中最常使用的蓝图类型是关卡蓝
图和蓝图类。

1）关卡蓝图

关卡蓝图是一种特殊的蓝图，作为全局事件图表，用户既不能删除也不能创建它。每
个关卡都有自己的关卡蓝图，用户使用该蓝图创建整个关卡相关的事件。用户可以使用此
图表调用关卡中关于某个对象的示例和播放动画序列。熟悉虚幻引擎 3 的读者应该熟悉这

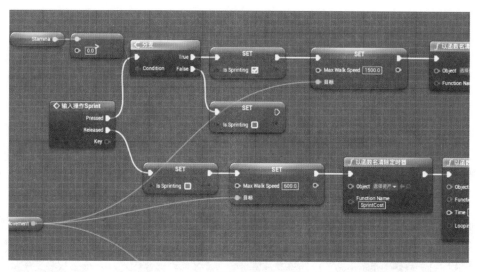

图 4.32　蓝图示例

个概念，关卡蓝图的作用与虚幻引擎 3 中的 Kismet 相同。此外，关卡蓝图还能与关卡中放置的蓝图类进行交互，例如读取 / 设置其可能包含的变量，或触发其中的自定义事件。

2）蓝图类

蓝图类通常直接称为蓝图，是一种允许内容创建者基于现有游戏性轻松添加功能的资源，蓝图类能轻松创建门、开关、可收集物品、可摧毁场景等交互资源。如图 4.33 所示，按钮和门组合为单独的不同蓝图，其中包含必需的脚本，以响应玩家覆盖事件，使其拥有动画、播放音效，并改变材质（如按下按钮后其将变亮）。在此情况中，按下按钮将触发门蓝图中的事件，门因此开启，但其他类型的蓝图或关卡蓝图序列同样可轻易触发门的事件。因蓝图的自含性质，将其拖入关卡中便可构建蓝图，进行最小设置后即能生效。这也意味着对项目中使用的蓝图进行编辑后，该项目的所有实例均会更新。

图 4.33　蓝图类示例

3）蓝图宏库

蓝图宏库是容纳各种宏或图表的容器，可以在任意其他蓝图类中多次使用。宏库不能包含变量，不能从其他蓝图继承，也不能放在关卡中。它们只是常用图表的集合，使用它可以节省时间。如果在蓝图中引用了宏，那么直到重新编译蓝图时，对该宏的更改才会应用于对应的蓝图。蓝图宏库中的宏会在所有引用它们的图表间共享。

4）蓝图接口

蓝图接口是一个或多个未实现函数的图表。添加该接口的其他类必须以特定方式包含这些函数。这与编程中的接口概念相同，可以使用公共接口访问各种对象并共享或发送数据。接口图表中有一些限制，它们不能创建变量、编辑图表和添加组件。

2. 蓝图剖析

在虚幻引擎 4 中创建一个蓝图类，并将其打开，我们可以看到蓝图编辑器，蓝图编辑器布局如图 4.34 所示。蓝图功能由诸多元素定义。部分元素默认存在，其余可在蓝图编辑器中按需添加。这些元素可用于定义组件、执行初始化和设置操作、对事件做出响应、组织并模块化操作以及定义属性等行为。

图 4.34　蓝图编辑器布局

1）组件窗口

了解组件（Components）后，蓝图编辑器（Blueprint Editor）中的组件（Components）窗口允许开发者将组件添加到蓝图。这提供了以下方法：通过胶囊组件（Capsule Component）、盒体组件（Box Component）或球体组件（Sphere Component）添加碰撞几何体，以静态网格体组件（Static Mesh Component）或金属网格体组件（Skeletal Mesh Component）形式添加渲染几何体，使用移动组件（Movement Component）控制移动。还可以将组件（Components）列表中添加的组件指定给实例变量，以便开发者在此蓝图或其他蓝图的图表中访问它们。

2）构造脚本

创建蓝图类的实例时，构造脚本（Construction Script）在组件列表之后运行。它包含的节点图表允许蓝图实例执行初始化操作。构造脚本的功能非常丰富，它们可以执行场景射线追踪、设置网格体和材质等操作，并根据场景环境进行设置。例如，光源蓝图可判断其所在地面类型，然后从一组网格体中选择合适的网格体；或者栅栏蓝图可以向各个方向射出射线，从而确定栅栏可以有多长。

3）事件图表

蓝图的事件图表（Event Graph）包含一个节点图表。节点图表使用事件和函数调用来执行操作，从而响应与该蓝图有关的游戏事件。它添加的功能会对该蓝图的所有实例产生影响。开发者可以在这里设置交互功能和动态响应。例如，光源蓝图可以通过关闭其光照组件（Light Component）和更改其网格体使用的材质来响应事件。光源蓝图的所有实例会自动具备这个功能。

4）函数

函数（Functions）是属于特定蓝图的节点图表，它们可以从蓝图中的另一个图表执行或调用。函数具有一个由节点指定的单一进入点，函数的名称包含一个执行输出引脚。当开发者从另一个图表调用函数时，输出执行引脚将被激活，从而使连接的网络执行。

5）变量

变量（Variables）是保存值或参考世界场景中的对象或 Actor 的属性。这些属性可以由包含它们的蓝图通过内部方式访问，也可以通过外部方式访问，以便设计人员使用放置在关卡中的蓝图实例来修改它们的值。

4.2.3　Unreal Engine4 常用术语

本节将介绍使用 Unreal Engine4 时的最常用术语。

1. 项目

Unreal Engine4 项目（Project）保存着构成游戏所需的所有内容和代码，例如蓝图和材质。项目在硬盘上由许多目录构成，用户可以随时修改项目目录的名称和层级关系。虚幻编辑器中的内容浏览器所展示的目录结构和在硬盘上看到的项目目录结构相同。内容浏览器面板会镜像显示磁盘上的项目目录结构。每个项目都有一个与之对应的 .uproject 文件。.uproject 文件是用户创建、打开或保存项目必须用到的文件。用户可以创建任何数量的不同项目，并同时操作它们。

2. Actor

所有可以放入关卡的对象都是 Actor，比如摄像机、静态网格体和玩家起始位置。Actor 支持三维变换，例如平移、旋转和缩放。用户可以通过游戏逻辑代码（C++ 或蓝图）创建（生成）或销毁 Actor。在 C++ 中，AActor 是所有 Actor 的基类。在某种意义上，Actor 可被视为包含特殊类型对象（称作组件）的容器。不同类型的组件可用于控制 Actor 移动的方式及其被渲染的方式等。Actor 的其他功能是在游戏进程中在网络上进行属性复制和函数调用。常见的组件有 AI 组件、摄像机组件、光源组件、音频组件等。

3. 类型转换

类型转换（Casting）本质上是获取某个特定 Actor（或类），然后将它视为另一种类进行处理。类型转换可以成功，也可以失败。如果转换成功，用户就能访问目标 Actor 的特有函数和功能。比如，开发者希望在游戏中创建多种体积，让它们以不同方式影响玩家。其中一个体积是火焰，它会不断伤害玩家生命值。当玩家遇到关卡中的体积时，可以将该体积转换成火焰，以此访问它的"伤害玩家"函数。类型转换不同于单纯地检查某个

Actor 是否属于某个类,然后返回一个二元值(是或否);这种情况下,无法访问该类的函数。

4. 组件

组件(Component)是可以添加到 Actor 上的一项功能。当用户为 Actor 添加组件后,该 Actor 便获得了该组件所提供的功能。在为 Actor 添加组件时,就是在拼凑构成 Actor 的零碎部分。例如,汽车上的车轮、方向盘以及车身和车灯等都可以看作组件,而汽车本身就是 Actor。

5. Pawn

Pawn 是 Actor 的子类,它可以充当游戏中的化身或人物(例如游戏中的角色)。Pawn 可以由玩家控制,也可以由游戏 AI 控制并以非玩家角色(NPC)的形式存在于游戏中。Pawn 是玩家或 AI 实体在游戏场景中的具化体现。Pawn 不仅决定了玩家或 AI 实体的外观效果,还决定了它们如何与场景进行碰撞以及其他物理交互。当 Pawn 被人类玩家或 AI 玩家控制时,它会被视为已被控制(Possessed)。相反,当 Pawn 未被人类玩家或 AI 玩家控制时,它被视为未被控制(Unpossessed)。

6. 玩家控制器

玩家控制器(Player Controller)会获取游戏中玩家的输入信息,然后转换为交互效果,每个游戏中至少有一个玩家控制器。玩家控制器通常会控制一个 Pawn 或角色,将其作为玩家在游戏中的化身。玩家控制器还是多人游戏中的主要网络交互节点。在多人游戏中,服务器会为游戏中的每个玩家生成一个玩家控制器实例,因为它必须对每个玩家进行网络函数调用。每个客户端只拥有与其玩家相对应的玩家控制器,并且只能使用其玩家控制器与服务器通信。

7. 游戏模式

游戏模式(Game Mode)负责设置当前游戏的规则。规则包括:玩家如何加入游戏;是否可以暂停游戏;任何与游戏相关的行为,例如获胜条件。用户可以在项目设置中设置默认的游戏模式,也可以关卡中覆盖这些设置。无论如何实现游戏模式,每个关卡始终只能有一个游戏模式。在多人游戏中,游戏模式只存在于服务器上,规则会被复制(发送)给所有联网的客户端。

8. 关卡

在游戏中,玩家看到的所有对象,交互的所有对象,都保存在一个世界中。这个世界我们称为关卡(Level)。关卡由静态网格体(Static Mesh)、体积(Volume)、光源(Light)、蓝图(Blueprint)等内容构成。这些丰富的对象共同构成了玩家的游戏体验。关卡可以是广袤无边的开放式场景,也可以是只包含寥寥几个 Actor 的小关卡。在虚幻编辑器中,每个关卡都被保存为单独的 .umap 文件,它们有时也被称为地图。

9. 体积

体积(Volumes)是一种存在边框的 3D 空间,类似于 Unity 3D 中的碰撞体。体积会根据施加给它们的效果产生不同的用途:阻挡体积(Blocking Volumes)是一种不可见的体积,用来防止 Actor 穿过它们;伤害生成体积(Pain Causing Volumes)会对进入它们的 Actor 产生持续性的伤害;触发体积(Trigger Volumes)可以通过编程,让 Actor 在进入或离开它们时触发事件。

4.2.4　Unreal Engine4 开发常用组件

虚幻4开发常用组件

Unreal Engine4 为开发者提供了各种各样的组件，通过为关卡中的 Actor 添加组件可实现相应功能，例如添加聚光灯组件（Spot Light Component）可以使 Actor 像聚光灯一样发光，添加旋转移动组件（Rotating Movement Component）能使 Actor 四处旋转。本节将介绍 Unreal Engine4 开发中常用的组件类型。

1. 物理组件

物理组件用于影响那些在场景中以不同方式应用物理效果的任意对象。物理组件包括可破坏组件、物理约束组件、物理抓柄组件、物理推进器组件和径向力组件。为 Actor 添加这些组件可以实现相应的物理效果。

1）可破坏组件

可破坏组件（Destructible Component）用于存放可破坏 Actor 的物理数据。在添加该组件时，必须指定要使用的可破坏网格体资源。还可以覆盖并指定破裂效果（Fracture Effects）而非使用资源本身的破裂效果。如图 4.35 所示，可破坏组件的用途包括模拟窗框中的玻璃。窗框是一个静态网格组件（Static Mesh Component），而窗户则是能被玩家击碎的可破坏组件。

2）物理约束组件

物理约束组件（Physics Constraint Component）是一种能连接两个刚性物体的接合点。用户可以借助该组件的各类参数来创建不同类型的接

图 4.35　可破坏组件制作的窗户

合点。借助物理约束组件和两个静态网格组件，可以用于悬摆型对象，如秋千、重沙袋或标牌。它们可以对世界中的物理作用做出响应，让玩家与之互动。

3）物理抓柄组件

物理抓柄组件（Physics Handle Component）用于"抓取"和移动物理对象，同时允许抓取对象继续使用物理效果。物理抓柄组件常用于可以拾取和掉落的物理对象。

4）物理推进器组件

物理推进器组件（Physics Thruster Component）可以沿着 x 轴的负方向施加特定作用力。推进器组件属于连续作用力，而且能通过脚本自动激活、一般激活或取消激活。如图 4.36 所示，推进器组件的用途包括对火箭持续施加作用力，将火箭向上推（因为推力部分位于火箭下方）。可以用阻挡体积（Blocking Volumes），限制受推力影响的组件的动作。

5）径向力组件

径向力组件（Radial Force Component）用于发出径向力或脉冲来影响物理对象或可摧毁对象。与物理推进器组件不同，径向力组件只施加一次性作用力，而且并不持续。可以使用径向力组件来推动被摧毁对象（如爆炸物）的碎片，并为碎片指定作用力和方向。

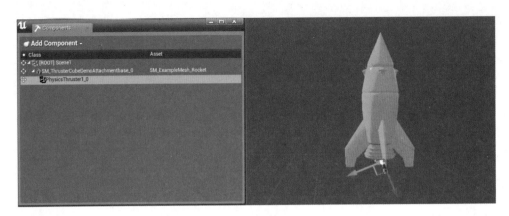

图 4.36　推进器组件实例

2. 渲染组件

渲染组件用于在关卡中渲染出各种图像，渲染组件种类众多，其中常用的渲染组件如下。

1）大气雾组件

大气雾组件（Atmospheric Fog Components）用于创建雾效，如场景中的云或大气雾。大气雾提供了一种透过大气的光散射近似现象。这可以让室外关卡看起来更加逼真。在关卡中添加大气雾后，关卡中的主定向光源将在天空中获得日轮效果。天空颜色将随着太阳的高度而变化（换言之，即随着主定向光源的矢量与地面平行的程度而变化）。通过设置大气雾组件的衰减高度（Decay Height）可以控制雾的密度衰减高度，例如，较低的值可以让雾变浓，较高的值会让雾变稀，产生更少的散布。大气雾效果如图 4.37 所示。

图 4.37　大气雾效果

2）文本渲染组件

文本渲染组件（Text Render Component）可以用指定的字体渲染场景中的文本。其中包含与常用字体有关的属性，如缩放比例（Scale）、对齐（Alignment）、颜色（Color）等。可以使用该组件提示玩家场景中存在一个可交互对象。例如，假设场景中有一把椅子，玩家在靠近时按一个键就能坐下。可以添加一个包含提示文本的文本渲染组件来执行就座命令（此时关闭可见性），同时添加一个盒体组件（Box Component）用作触发器，用于在玩家进入时将文本的可见性设为"真"。

3）后期处理组件

后期处理组件（Post Process Componets）可以在蓝图启用后处理控制。它通过 UShapeComponent 这个父类来提供体积数据。如果场景应用了后处理设置，则后期处理组件可以变换场景的色调。例如，假设用户定义了一个默认的后处理设置并将其用于游戏，那么在玩家受到伤害（或丧命）时，可以通过脚本将后期处理组件中的场景颜色着色（Scene Color Tint）属性的设置改为黑色 / 白色色调。

4）粒子系统组件

粒子系统组件（Particle System Component）可以让用户添加一个粒子发射器作为其他对象的子对象。粒子系统组件有多种作用，例如，添加爆炸效果或燃烧效果。添加这类组件后，可以借助脚本访问和设置粒子的效果参数（如打开或关闭效果）。例如，图 4.38 中添加了一个粒子系统组件用于产生火花效果。通过脚本，我们可以指定在默认情况下关闭火花效果，当玩家经过时将其激活。

图 4.38　粒子系统组件实例

3. 移动组件

移动组件（Movement Components）能为所属的 Actor（或角色）提供移动功能。无论是角色还是使用了移动组件的发射物，使用移动组件可实现任何形式的移动。移动组件包括人物移动组件、发射物移动组件和旋转移动组件。

1）人物移动组件

角色移动组件（Character Movement Component）允许非物理刚体类的角色移动（走、跑、跳、飞、跌落和游泳）。该组件专用于角色（Characters），无法由其他类实现。当创建一个继承自 Characters 的蓝图时，人物移动组件会自动添加，无须用户手动添加。人物移动组件包含一些可设置属性，包括角色跌落和行走时的摩擦力、角色飞行、游泳，行走时的速度、浮力、重力系数，以及人物可施加在物理对象上的力。人物移动组件还包含动画自带的且已经转换成世界空间的根骨骼运动参数，可供物理系统使用。

2）发射物移动组件

在更新帧的过程中，发射物移动组件（Projectile Movement Component）会更新下一帧组件的位置。发射物移动组件还支持碰撞后的跳弹以及跟踪等功能。通常会使用发射器移动组件来模拟子弹的飞行。

3）旋转移动组件

旋转移动组件（Rotating Movement Component）允许某个组件以指定的速率执行持续旋转。但是需要注意的是，在旋转移动过程中，无法进行碰撞检测。使用旋转移动组件的案例包括飞机螺旋桨、风车，甚至是围绕恒星旋转的行星。

4. 相机组件

相机组件包含摄像机组件和弹簧臂组件，摄像机组件用于添加摄像机视角，弹簧臂组件让摄像机与拍摄对象保持固定距离，并且在遇到遮挡时动态调整，使用这两个组件可以

使游戏中的第三人称视角能够动态适应游戏场景。

1）摄像机组件

摄像机组件（Camera Component）用于为 Actor 绑定一个摄像机视角子对象。在游戏中，可以用摄像机组件在多个摄像机之间切换。并可以调整每个摄像机中视场、角度、后期处理效果等属性。控制摄像机是一项可以为任何 Pawn 设置的属性，比如，如果场景中有多个角色（角色也是 Pawn 的一种），并且希望在这些角色之间切换，同时每个角色都分配有自己的摄像机组件以提供摄像机视角，那么可以把每个角色的控制摄像机属性都设置为"真"，每当切换角色时，系统都将自动使用该 Pawn 的摄像机组件。

2）弹簧臂组件

弹簧臂组件（Spring Arm Component）能使它的子对象与父对象之间保持固定距离，但是如果发生遮挡，将会缩短这段距离。遮挡消失后，距离又会恢复正常。如图 4.39 所示，通常会使用弹簧臂组件充当"摄像机升降臂"，能防止玩家跟随摄像机与场景对象发生遮挡（假如没有弹簧臂组件，摄像机组件仍将保持固定距离，无论当前是否有遮挡物）。

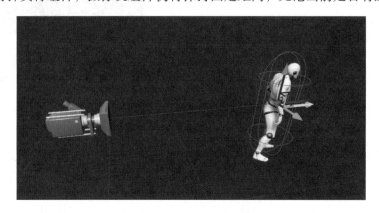

图 4.39　弹簧臂组件实例

三维动画与
虚拟现实

4.3　三维动画技术基础

4.3.1　三维动画与虚拟现实的关系

三维动画和虚拟现实技术都是计算机程序领域中的关键前沿技术，它们之间有相同的地方，同时也存在着不一样的地方。三维动画技术是依靠计算机预先处理好的路径上所能看见的静止照片连续播放而形成的，不具有任何交互性，即不是用户想看什么地方就能看到什么地方，用户只能按照设计师预先固定好的一条线路去看某些场景，它给用户提供的信息很少或不是所需的，用户是被动的；而 VR 技术则截然不同，它通过计算机实时计算场景，根据用户的需要把整个空间中所有的信息真实地提供给用户，用户可依自己的路线行走，计算机会产生相应的场景，真正做到"想得到，就看得到"。所以说交互性是两者最大的不同。

下面来看一个应用的实例：房地产展示是这两种技术最常用的领域。在当前诸多应用中，很多房地产公司采用三维动画技术来展示楼盘，其设计周期长，模式固定，制作费用高；而同时在国内也已经有多家公司采用 VR 技术进行设计，其展示效果好，设计周期短。更重要的是，VR 是基于真实数据的科学仿真，不仅可以达到一般展示的功能，而且可以把业主带入未来的建筑物里参观，还可展示如门的高度、窗户朝向、某时间的日照、采光的多少、样板房的自我设计、与周围环境的相互影响等。这些都是三维动画技术所无法比拟的。有关 VR 技术与三维动画技术的比较见表 4.1。

表 4.1　VR 技术与三维动画技术对比

比较项	VR 技术	三维动画技术
科学性及场景的选择性	虚拟世界基于真实数据建立的模型组合而成，属于科学仿真系统。操纵者亲身体验三维空间，可自由选择观察路径，有身临其境的感觉	场景画面根据材料或想象直接绘制而与真实的世界和数据有较大的差距，属于演示类艺术作品。只能按预先假定的观察路径观看
实时交互性	操纵者可以实时感受到运动带来的场景变化，具有双向互动的功能	只能单向演示，场景变化的画面需要事先制作生成
空间立体感	支持立体显示和三维立体声，具有三维空间真实感	不支持
演示时间	没有时间限制，可真实详尽地展示，性价比高	受动画制作时间限制，无法详尽展示，性价比低
方案应用的灵活性	支持方案调整、评估、管理、信息查询等功能，同时又具有更真实直观的演示功能	只具有简单的演示功能
指向性	看重现实事物的还原效果，注重影像的真实性。且注重视听感的多维度的真实体验	以画面为主，仅在画面上进行再创作，是画面的再造和重生

三维动画和虚拟技术都是新型数字化技术分化出来的部分，有着程序、虚拟和多样化的特征。随着计算机技术的发展，三维动画和虚拟技术也得到了更加广泛的应用。因此，通过对两种技术的结合总结，对三维动画和虚拟现实技术进行研究探索，目的在于让新科技更好地融入社会实践中，实现计算机程序与现实的交接和融合。

4.3.2　计算机动画简介

计算机生成动画的代表性应用有娱乐（电影和卡通片）、广告、科学和工程研究及培训和教学。尽管我们在考虑动画时暗指对象的移动，但术语"计算机动画"（Computer Animation）通常指场景中任何随时间而发生的视觉变化。除了通过平移、旋转来改变对象的位置之外，计算机生成的动画还可以随时间进展而改变对象大小、颜色、透明性和表面纹理等。广告动画经常把一个对象的形体变成另一个，例如将一个油罐变成一个汽车发动机。计算机动画还可以通过改变照相机的参数（如位置、方向和焦距）来生成。还可以通过改变光照效果和其他参数及照明和绘制过程来生成计算机动画。

和二维动画对比，三维动画运用三视图使动态的画面得以实现，这样可以让动画的画质和真实的感觉更接近一些。随着三维动画技术的发展和提高，动画的色彩、人物内容都

更加丰富和饱满，适应的领域也不断扩展。

现在计算机动画主要应用在平面设计和影视领域。平面设计中，三维动画技术可以使平面上的画面具有更强的视觉感受，使画面更完善。例如运用三维动画剪辑技术进行平面设计，运用各种像滤镜等技术，能够增强整个画面的结构和格局，凸显主体色彩。或者是采用程序进行修正，使画面的整体色彩变得更加饱满，更加丰富。在影视领域中，三维动画技术是当代影视画面处理的一种手段。三维动画可以增强在影视作品制作过程中所需的效果性，还可以使得影视片段之间的衔接过程更加自然，为影视作品的研究带来了灵活的处理手段。

1. 帧

正如传统二维平面动画（视频）中对帧的定义一样，帧是一个量词，计算机中每次渲染完毕并显示出来的图像就是一帧。连续的帧形成了动画效果。

2. 动画序列的设计

创建动画序列有两种基本方法：实时动画（Real-Time Animation）和逐帧动画（Frame-By-Frame Animation）。实时动画的每个片段在生成之后就立即播放，因此生成动画的速率必须符合刷新频率的约束。对于逐帧动画，场景中每一帧是单独生成和存储的。然后，这些帧可以记录在胶片上或以"实时回放"模式连贯地显示出来。简单的动画可以实时生成，而复杂动画的生成要慢得多，通常逐帧生成。然而，有些应用不论动画复杂与否，始终要求实时生成。例如，为了即时响应控制命令的改变，飞行模拟器必须生成实时的计算机动画。在这些场合，我们常常采用专用的硬件和软件系统来快速生成复杂的动画序列。

动画序列设计是一项复杂的工作，特别是包含一个情节串和多个对象时，每个对象都可能以不同的方式运动。通常，一个动画序列按照图 4.40 的步骤进行设计。

图 4.40　动画序列设计步骤

3. 关键帧动画

动画设计人员通过在动画表现的重要时刻编辑记录动画信息，并在运行时由系统根据关键时刻记录的数据，反向计算出每帧数据的动画方式就是关键帧动画。由于关键帧数据是离散的，而且需要对每帧数据采样，因此我们先用关键帧数据构建一个平滑连续的样板函数曲线，设计人员也可以通过修改曲线到达影响运行时计算每帧的数据的效果（关键帧数据不变，过程帧根据曲线设置的变化而变化）。

4. 骨骼动画

骨骼动画就是一种最常用的关键帧动画，其原理是有一组树形结构的骨骼，模型通过蒙皮指定顶点受哪些骨骼影响。设计人员通过调整每根骨骼在关键帧的位置朝向矩阵构建出整个模型的动作关键帧信息。正常动画的骨骼是从根骨开始以树形结构向下计算出每根骨骼的矩阵信息，称为正向运动（FK）。但某些情况下需要从末端（叶子）节点骨骼反向计算出相应父骨骼矩阵信息，称为反向运动（IK）。例如，角色一只脚在斜坡上行走，可以通过斜坡上脚的骨骼反向算出每根父骨骼位置信息，此技术称为反向运动（IK）。

4.3.3 Unity 3D 动画系统

Unity 3D
动画系统

Unity 3D 中有一个丰富而复杂的动画系统，也叫 Mecanim 动画系统，此系统十分强大，能为 Unity 的所有元素提供简单的工作流程和动画设置。支持导入动画剪辑和在 Unity 内创建动画。支持人形动画重定向，能够将动画从一个角色模型应用到另一个角色模型。提供可视化编程工具来管理动画之间的复杂交互。方便预览动画剪辑以及它们之间的过渡和交互。因此，动画师与工程师之间的工作更加独立，使动画师能够在挂入游戏代码之前为动画构建原型并进行预览。

1. Unity 动画系统工作流程

Unity 的动画系统基于动画剪辑的概念，动画剪辑包含某些对象应如何随时间改变其位置、旋转或其他属性的相关信息。每个剪辑可视为单个线性录制。来自外部的动画剪辑由美术师或动画师使用第三方工具（如 3ds Max、Maya）创建而成，或者来自动作捕捉工作室或其他来源。

然后，动画剪辑将编入称为动画控制器（Animator Controller）的一个类似于流程图的结构化系统中。动画控制器充当状态机，负责跟踪当前应该播放哪个剪辑以及动画应该何时改变或混合在一起。

一个非常简单的动画控制器可能只包含一个或两个剪辑，例如，使用动画剪辑来控制能量块旋转和弹跳，或设置正确开门和关门的时间。一个更高级的动画控制器可包含用于主角所有动作的几十段人形动画，并能同时在多个剪辑之间进行混合，为玩家在场景中移动时提供流畅的动作。

Unity 的动画系统还具有用于处理人形角色的许多特殊功能。这些功能可让人形动画从任何来源重定向到角色模型中，并可调整肌肉定义。这些特殊功能由 Unity 的替身系统完成，在此系统中，人形角色会被映射到一种通用的内部格式中。图 4.41 展示了 Unity 动画系统各个部分是如何连接到一起的。

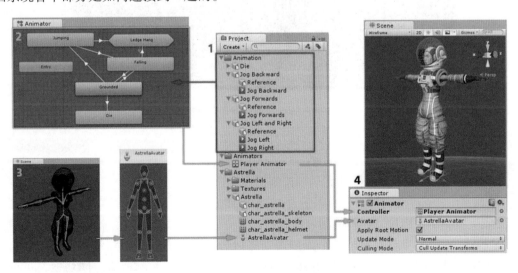

图 4.41　动画系统工作流程

2. 动画剪辑

动画剪辑是 Unity 动画系统的核心元素之一。Unity 支持从外部源导入动画，并允许在编辑器中使用 Animation 窗口从头开始创建动画剪辑。

1）外部源动画

从外部源导入的动画剪辑包括如下内容。

- 在动作捕捉工作室中捕捉的人形动画。
- 美术师在外部 3D 应用程序（如 3ds Max 或 Maya）中从头开始创建的动画。
- 来自第三方库（如 Unity 的资源商店）的动画集。
- 导入的单个时间轴剪切的多个剪辑。

2）在 Unity 内创建和编辑的动画

Unity 的动画窗口可以创建和编辑动画剪辑的如下。

- 游戏对象的位置、旋转和缩放。
- 组件属性，例如材质颜色、光照强度和声音音量。
- 自定义脚本中的属性，包括浮点、整数、枚举、矢量和布尔值变量。
- 自定义脚本中调用函数的时机。

要创建新的动画剪辑，要在场景中选择一个游戏对象，然后打开 Animation 窗口（顶部菜单：Window → Animation → Animation）。如果游戏对象尚未分配任何动画剪辑，则会在 Animation 窗口时间轴区域的中心位置显示 Create 按钮，单击 Create 按钮，如图 4.42 所示。Unity 会提示将新的空动画剪辑保存在 Assets 文件夹中。

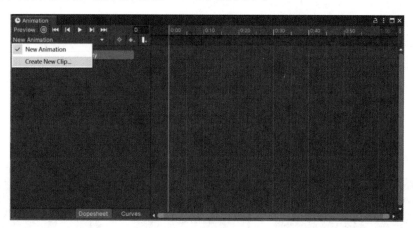

图 4.42　创建新动画剪辑

保存这个新的动画剪辑，Unity 会执行以下操作。

- 创建新的动画控制器（Animator Controller）资源。
- 将新的动画剪辑状态添加到动画控制器中。
- 将 Animator 组件添加到要应用动画的游戏对象。
- 为 Animator 组件分配新的动画控制器。

如果已经为游戏对象分配一个或多个动画剪辑，那么 Create 按钮将不可见。此情况下，现有剪辑的其中之一将在 Animation 窗口中可见。要在动画剪辑之间切换，可使用

Animation 窗口左上角的菜单（在播放控件下方）。

4.3.4 动画控制器

对于一个角色来说，几个不同的动画对应它在游戏中可以执行的不同动作，而这个动画如何触发、触发后退出到哪个状态、是否需要提高动画的播放速度等问题都是由动画控制器（Animator Controller）来管理的。动画控制器允许开发者为角色或其他动画游戏对象安排和维护一组动画。动画控制器会引用其中所用的动画剪辑，使用状态机来管理各种动画状态和它们之间的过渡；状态机可视为一种流程图，或者是在 Unity 中使用可视化编程语言编写的简单程序。

1. 动画状态机

一个角色常常拥有多个可以在游戏中不同状态下调用的不同动作。例如，一个角色可以在等待时呼吸或摇头，在得到命令时行走，从一个平台掉落时惊慌地伸手。当这些动画回放时，使用脚本控制角色的动作是一个复杂的工作。Unity 动画系统借助动画状态机可以很简单地控制和序列化角色动画。状态机对于动画的重要性在于它们可以很简单地通过较少的代码完成设计和更新。每个状态都有一个当前状态机在该状态下将要播放的动作集合。这使动画师和设计师不必使用代码定义可能的角色动画和动作序列。Unity 动画状态机提供了一种可以预览某个独立角色的所有相关动画剪辑集合的方式，并且允许在游戏中通过不同的事件触发不同的动作。

状态机的基本思想是使角色在某一给定时刻进行一个特定的动作。动作类型可因游戏类型的不同而不同，常用的动作包括空闲、行走、跑步、跳跃等，其中每一个动作被称为一种状态。在某种意义上，角色处于行走、空闲或者其他的状态中。一般来说，角色从一个状态立即切换到另一个状态是需要一定的限制条件的。比如角色只能从跑步状态切换到跑跳状态，而不能直接由静止状态切换到跑跳状态。角色从当前状态进入下一个状态的选项被称为状态过渡条件。状态集合、状态过渡条件以及记录当前状态的变量放在一起，形成了一个状态机。

状态及其过渡条件可以通过图形来表达，其中的节点表示状态，而弧线（节点间的箭头）表示状态过渡。可以将当前状态视为放置在节点之一上的标记或亮点，然后只能沿箭头之一跳转到另一个节点。动画状态机示例如图 4.43 所示。

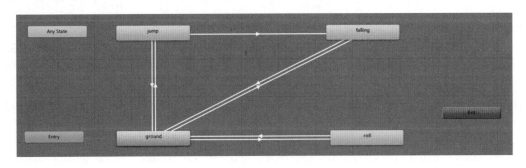

图 4.43　动画状态机示例

状态机对于动画的重要意义在于用户可以通过很少的代码对状态机进行设计和升级。每一个状态有一个与之关联的运动，只要状态机处于此状态，就会播放此运动。从而让动画师或设计师方便地定义动作顺序，而不必去关心底层代码的实现。

2. 动画参数

动画参数是在动画控制器中定义的变量，可从脚本访问这些变量并向其赋值。这是脚本控制或影响状态机流程的方法。例如可以通过脚本修改变量值来改变状态机的当前状态。

可使用 Animator 窗口的变量（Parameters）部分来设置默认参数值（可在 Animator 窗口的右上角进行选择）。这些参数可分为：Integer（整型）、Float（浮点型）、Bool（布尔型）和 Trigger（触发型）。

可使用以下 Animator 类中的函数，从脚本为参数赋值：SetFloat()、SetInteger()、SetBool()、SetTrigger() 和 ResetTrigger()。

3. 状态机过渡

状态机过渡可帮助开发者简化大型或复杂的状态机，允许对状态机逻辑进行更高级的抽象化。Animator 窗口中的每个视图都有一个进入（Entry）和退出（Exit）节点。在状态机过渡期间使用这些节点，过渡到状态机时使用进入节点。进入节点将接受评估，并根据设置的条件分支到目标状态。通过此方式，进入节点可以通过在状态机启动时评估参数的状态来控制状态机的初始状态。因为状态机具有默认状态，所以始终会有从进入节点分支到默认状态的默认过渡。

4. 状态机脚本

状态机行为是一类特殊脚本。与常规 Unity 脚本（MonoBehaviour）附加到单个游戏对象类似，可以将 StateMachineBehaviour 脚本附加到状态机中的单个状态。因此可编写一些将在状态机进入、退出或保持在特定状态时执行的代码。这意味着开发者不必自己编写代码来测试和检测状态的变化。

状态机脚本可有以下用例。

- 在进入或退出状态时播放声音。
- 仅在相应状态下执行某些测试（如地面检测）。
- 激活和控制与特定状态相关的特效。

创建状态机行为并将其添加到状态的方式与创建脚本并将其添加到游戏对象的方式非常类似。在状态机中选择状态，然后在检视面板中使用 Add Behaviour 按钮来选择现有的 StateMachineBehaviour 或创建新的状态机脚本。

状态机脚本中有一些预定好的事件，包括 OnStateEnter()、OnStateExit()、OnStateIK()、OnStateMove() 和 OnStateUpdate()。

4.3.5 人形角色动画

Unity 动画系统适合人形角色动画的制作，人形骨架是在游戏中普遍采用的一种骨架结构，Unity 为其提供了一个特殊的工作流和一整套扩展的工具集。由于人形骨架在骨骼结构上的相似性，用户可以将动画效果从一个人形骨架映射到另一个人形骨架，从而实现动画重定向功能。除极少数情况之外，人物模型均具有相同的基本结构，即头部、躯干、四肢等。Unity 动画系统正是利用这一点来简化骨架绑定和动画控制过程。

创建模型动画的一个基本步骤就是建立一个 Unity 动画系统的简化人形骨架到用户实际提供的骨架的映射，这种映射关系称为 Avatar。

1. 创建 Avatar

在导入一个角色动画模型之后，可以在 Import Settings 面板中的 Rig 选项下指定角色动画模型的动画类型，包括 Legacy、Generic 和 Humanoid 三种模式，如图 4.44 所示。

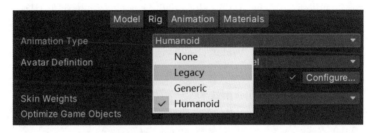

图 4.44 三种动画类型

Unity 3D 的 Mecanim 动画系统为非人形动画提供了两个选项：Legacy（旧版动画类型）和 Generic（一般动画类型）。旧版动画使用 Unity 4.0 版本文前推出的动画系统。一般动画仍可由 Mecanim 系统导入，但无法使用人形动画的专有功能。非人形动画的使用方法是：在 Assets 文件夹中选中模型文件，在 Inspector 视图中的 Import Settings 属性面板选择 Rig 标签页，单击 Animation Type 选项右侧的列表框，选择 Generic 或 Legacy 动画类型即可。

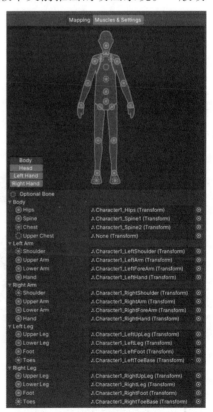

图 4.45 Avatar 示例

要使用 Humanoid（人形动画），单击 Animation Type 右侧的下拉列表，选择 Humanoid，然后单击 Apply 按钮，Mecanim 动画系统会自动将用户所提供的骨架结构与系统内部自带的简易骨架进行匹配，如果匹配成功，Avatar Definition 下的 Configure 复选框会被选中，同时在 Assets 文件夹中，一个 Avatar 子资源会被添加到模型资源中。

2. 编辑 Avatar

Unity 中的 Avatar 是 Mecanim 动画系统中极为重要的模块，正确地设置 Avatar 非常重要。不管 Avatar 的自动创建过程是否成功，用户都需要到 Configure Avatar 界面中确认 Avatar 的有效性，即确认用户提供的骨骼结构与 Mecanim 预定义的骨骼结构已经正确地匹配起来，并已经处于 T 形姿态，如图 4.45 所示。

Avatar 映射指示哪些骨骼是必需的（实线圆圈）和哪些骨骼是可选的（虚线圆圈）。Unity 可自动插入可选的骨骼移动。

完成映射后可以将骨骼信息、存储信息保存为一个人形模板文件（Human Template File），其文件拓展名为 .ht，这个文件可以在所有使用这些映射关系的角色中复用。

3. 人形动画重定向

在 Unity 动画系统中，人形动画的重定向功能是非常强大的，因为这意味着用户只要通过很简单的操作就可以将一组动画应用到各种各样的人形角色上。由于动画重定向功能只能应用到人形模型上，所以为了保证应用后的动画效果，必须正确地配置 Avatar。

动画重定向有两种方式：一种是需要两个共享动画的人物模型使用相同的骨架，这种方式相当于保证模型骨骼的所有层级和命名都相同，因为动画是根据名字和路径去查找和操作骨骼的；另一种形式就是通过 Avatar 让动画通过映射在多个不同骨架下产生相同的模型动作。

下面介绍实现 Avatar 方式的动画重定向。

首先需要准备两个不同的模型，模型和动画资源都可以从 Unity 资源商店获得。分别生成它们的人形骨骼映射 Avatar。需要注意的是，要将模型 Import Settings 面板中的 Rig 选项下的角色动画模型的动画类型设置为人形动画（Humanoid）。

再新建一个动画控制器，将需要重定向的动画片段放入控制器中。把两个模型拖入场景中，将新建好的动画控制器拖入两个对象动画控制组件的 Controller 选项中，再把之前生成的人形骨骼映射 Avatar 分别拖入两个对象动画控制组件的 Avatar 选项中。

最后运行 Unity，可以看到两个模型都执行相同的动作，动画重定向的最终效果如图 4.46 所示。

动画重定
向案例

图 4.46　动画重定向的最终效果

本 章 小 结

　　本章主要介绍了三维动画的基础知识和虚拟现实开发应用到的两款主流引擎——Unity 3D 和 Unreal Engine4。那么可能会有读者有疑问"我该学习哪款引擎进行虚拟现实开发呢？"。其实引擎只是一个工具，首先要看它是否适合你使用。Unity 3D 和 Unreal Engine4 都有各自的特点，Unity 3D 对程序员更加友好且更适合移动端的开发，而 Unreal Engine4 可以渲染出更加写实的画面。使用 Unity 3D 的开发者很多，Unity 3D 的开放式架构使得开发者可以为 Unity 3D 制作插件，使用插件能为开发节省很多时间。Unreal Engine4 采用了多语言的机制来迎合开发者，在 Unreal Engine4 中可以使用到中文引擎操作界面和用户手册，以及大量的本地化教学视频。读者应根据自己和项目的需求合理地选择开发引擎，如果熟悉 C# 编程，可以选择 Unity 3D 进行开发。如果项目对渲染方面有较大要求，可以选择 Unreal Engine4 进行开发。

思 考 题

1. Unity 中有哪几种光源？其中哪种光源需要烘焙后才能看到效果？
2. 哪个组件是每个 Unity 游戏对象必需的组件？它有什么作用？
3. 列举 4 种常用贴图，并简单描述它们的用途。
4. 如何获取和编译 Unreal Engine4 的源码？
5. 总结 Unity 3D 和 Unreal Engine4 操作中的相同和不同之处。
6. 简述动画序列的设计流程。

第5章

VR 全景技术

随着数字信息和多媒体技术的飞速发展，人们已经进入了一个丰富多彩的图形世界。人类传统的认知环境是一个多维的信息空间，而以计算机为主体处理问题的单维模型与人类的自然认知习惯有很大的不同。因此，VR 技术应运而生，它代表了信息技术、传感器技术、人工智能、计算机仿真等学科的最新发展。随着计算机技术、计算机视觉和计算机图形学的飞速发展，特别是 3D 全景技术的出现和日趋成熟，为 VR 的广泛应用开辟了一个新的领域。此外，3D 全景将虚拟现实和互联网通信有机地结合起来，使其更具传递性和适用性。

VR 全景技术是一种基于全景图像的真实场景 VR 技术，是虚拟现实技术的核心部分。全景图是通过计算机技术将摄像机拍摄的一组或多组照片进行 360° 循环拼接成全景图像，实现全方位的交互观看，从而还原和显示真实场景的一种方法。360° 全景视频的每一帧都是一张 360° 全景图。观众观看视频时，可以任意角度拖动视频，给人一种身临其境的感觉。此外，佩戴 VR 眼镜观看视频会有更强的沉浸感，可以让观众无死角任意选择自己喜欢的角度，缩小或放大视频的一种强互动性的新观看形式。

5.1 全景技术概述

全景技术
概述

全景（Panorama）是一种 VR 技术，这项技术使用摄像机环绕四周进行 360° 拍摄，将拍摄到的照片拼接成一个全方位、全角度的图像，这些图像可以在计算机或互联网上进行浏览或展示。

全景可分为两种，即虚拟全景和现实全景。虚拟全景是利用 3ds Max、Maya 等软件，制作出来模拟现实的场景；现实全景是利用单反数码照相机拍摄实景照片，由软件进行特殊的拼合处理而生成的真实场景。以下主要介绍现实全景。

三维全景（Three Dimensional Panorama）是一种利用全景图像来表示虚拟环境的 VR 技术，也称虚拟现实全景。该技术通过将全景图反向投影到几何表面，从而恢复原始场景的空间信息。简单来说就是用拍摄到的真实照片经过加工处理让用户产生三维真实的感觉，这是普通照片和三维建模技术所无法达到的。普通的图片虽然也能起到展示和记录的作用，但透视范围有限，缺乏立体感；而三维全景在给用户提供全方位视角的基础上，还可以给人带来三维立体体验。

VR 技术的实现方式可分为全沉浸式虚拟和半沉浸式虚拟两类。其中，全沉浸式虚拟需要特殊的设备帮助呈现场景和反馈感官感知；半沉浸式虚拟强调简单和实时。常用的设备（如扬声器、屏幕、投影仪等）可以用作表演工具。因此，从表现的角度划分，三维全景技术属于半沉浸式虚拟。

5.1.1 三维全景的分类

据统计，60% ~ 80% 的外部世界信息是由人类视觉提供的，因此，生成高质量的场景照片成为 VR 技术的关键。目前，根据拍摄的照片类型，三维全景图可分为柱面全景图、球面全景图、墨卡托全景图、立方体全景图、对象全景和球形视频这几类。

1. 柱面全景图

柱面全景技术起步较早，发展比较成熟，实现也比较简单，所以常说"环视"。柱面全景是最为简单的全景虚拟。所谓柱面全景，可以理解为以节点为中心的具有一定高度的圆柱形的平面，平面外部的景物投影在这个平面上。用户可以在全景图像中 360° 的范围内任意切换视线，也可以在一个视线上改变视角来取得接近或远离的效果，还可以认为是球面全景图的一种简化。用户在水平方向上有 360° 的视角，在垂直方向上也可以做一定的视角变化，但是角度范围受到限制。由于柱面模型的图像质量均匀，细节真实程度更高，应用范围比较广泛。

柱面全景图不包含场景中的顶部和底部，它有两种生成方式：第一是将每张单独的图像分别投影到柱面上，选择一张图像作为参考图像，将这张图像投影到柱面上，根据参考图像和它们之间的连接关系、重叠区域，计算出图像在柱面空间中的位置，将每张图像投影到柱面空间中相应的位置，该方法生成的柱面全景图效果好，定位准确；第二种方法是利用图像拼接技术，将图像有序地拼合成一张首尾相接的图像。在拼合的过程中，以一个图像作为参考图像，将待拼接图像根据特征点匹配关系计算出单应矩阵并进行图像变换，然后再将两张图像拼接在一起，经过后续处理可以拼接成一张首尾相连的全景图片。该方法原理简单，易于实现，但其拼接的全景图本质是全景图的近似表示，场景中物体的位置关系可能会发生变化。柱面全景的拍摄原理：以摄像机视图为中心，将拍摄的照片投影到柱面内表面，可水平 360° 观察周围景物，如图 5.1 所示。

柱面全景图像也较为容易处理，因为可以将圆柱面沿轴向切开并展开在一个平面上，传统的图像处理方法常常可以直接使用。柱面全景图像并不要求照相机的标定十分准确。所以将柱面全景图显著优点归纳为以下两点。

（1）它的单幅照片的获取方式比立方体形式和球面形式的获取方式简单。所需的设备只有普通的摄像机和一个允许连续转动的三脚架。

图 5.1 柱面全景示意图

（2）柱面全景图容易展开为一个矩形图像，可直接用计算机常用的图像格式进行存储和访问。虽然柱面形式的全景图在垂直方向允许参与者视线的转动角度小于180°，但是在绝大多数应用中，水平方向的360°环视场景已足以表达空间信息。

柱面全景图的不足之处：当拖动鼠标向上或向下时，仰视和俯视的视野受到限制，既看不到天空，也看不到地面，即垂直视角小于180°。

基于以上特点，在实际应用中，柱面全景环境能够比较充分地表现出空间信息和空间特征，是较为理想的选择方案之一。

2. 球面全景图

球面全景图是最大可能的空间视角为360°水平视角和180°垂直视角的图像，球面全景图的基础是从球面图像的几个单独的帧以球面（等距、等边、球面）或立方投影组装而成的。球形全景就是将图像投影到以观察者为中心的球体上，根据观察者的视点显示相应的场景，并且所有场景都是连续的。球面全景示意图如图5.2所示。

图 5.2　理光相机 Ricoh Theta 拍摄的球面全景照片

球面全景图是与人眼模型最接近的一种全景描述，它具有完整的场景表示，但由于需要对图像进行非线性变换，因此生成的速度较慢，此外，随着投影误差的积累，球体的顶部和底部显示效果都不太好，甚至很差。此时一般会采用上下遮挡的方法来提高全景效果，比如在顶部或底部添加 Logo。近年来，将全景图的小行星投影（Little Planet）效果添加到球面全景图的顶部和底部更受欢迎。

球面上的坐标是三维的，而二维图像中的坐标是二维的。因此，有必要解决如何将球面上的一个点映射到平面坐标系的问题，最常用的方法是经纬度映射法，假设球面上任意一点 p，将它的经度映射为矩形的水平坐标，纬度映射为矩形的垂直坐标，最终可以得到一张 2:1 的矩形图。

设球面上任意一点 $p(x, y)$，其中 x 代表点 p 在球空间上的经度，x 的取值范围为 $[0, 2p)$，y 表示点 p 在球空间上的纬度，其取值范围为 $[-p/2, p/2]$，那么该点在平面图中对应的坐标以 $p'(x', y')$ 的计算方法为

$$x'=w \cdot (x/2\pi)$$
$$y'=h \cdot (y+\pi/2)/\pi$$

式中，w 表示平面图形的宽；h 表示平面图形的高，且 $w=2h$。

球面全景图的存储方式和拼接过程比柱面全景图复杂，这是因为在生成球面全景图的过程中，平面图像需要投影成球面图像，而球面图像是一个不可扩展的曲面，所以平面图

像的水平和垂直方向的非线性投影过程非常复杂。同时，很难找到相应的、易于访问的数据结构来存储球面图像。

3. 墨卡托全景图

墨卡托全景图投影，又称正轴等角圆柱投影，由荷兰地图学家墨卡托（G. Mercator）于 1569 年提出。墨卡托投影与圆柱投影非常相似，只是在 Y 方向上的坐标变换不同。墨卡托投影就是将三维的球体投影到二维的平面的方法之一，常用于航空和航海图中。从球心发出一条直线，它与球的交点就是投影的直线与圆柱体的交点。假设球体被套在一个圆柱中，并与圆柱相切，然后在球体的中心放一盏灯，把球面投影到圆柱面上，就成了墨卡托投影。墨卡托投影角度没有发生变形，从各点到各方向的长度比相等，但长度和面积的变形明显，从中线到极点的变形逐渐增大，容易造成形状变形。墨卡托投影的优点是比普通的圆柱投影具有更大的垂直范围。

4. 立方体全景图

立方体全景图（小行星全景图）是近年来比较流行的一种全景图。立方体全景图由 6 个平面投影图像组合而成，即将全景图投影到一个立方体的内表面上，如图 5.3 所示。由于图像的采集和摄像机的标定难度相对较大，需要借助特殊的拍摄设备，如三脚架、全景云台等。为了获得 6 张无缝拼接于一个立方体的 6 个表面上的照片，拍摄者需要依次在水平、垂直方向每隔 90° 拍摄一张照片。立方体全景图可以实现水平方向 360° 旋转、垂直方向 180° 俯视和仰视的视线观察。

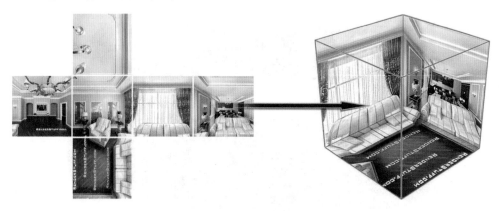

图 5.3 立方体全景示意图

5. 对象全景

对象全景是以一件物体（即对象）为中心，通过立体 360° 球面上的各个角度来观察物体，从而生成对这个对象的全方位的图像信息，如图 5.4 所示。对象全景的拍摄特点是：拍摄时瞄准物体，每当物体旋转一个角度就拍摄一张照片，然后依次完成拍摄一组照片。这与球面全景的拍摄刚好相反。当在互联网上展示时，用户使用鼠标控制物体的旋转、放大和缩小，观察对象的细节。

对象全景的主要应用场景在电子商务领域，例如互联网上的家具、手机、工艺品、汽车、化妆品、服装等商品的三维展示。

图 5.4 对象全景示意图

6. 球形视频

球形视频生成的是动态全景视频,观众可以看到全方位、全角度的实时视频直播。如图 5.5 所示,美国美式橄榄球大联盟的爱国者队与名为 Strivr Labs 公司合作推出的球队 360° 全景训练视频,让球迷可以在家中融入自己喜爱的球队,参与训练甚至与心爱的球队一起比赛,从而获得独特而激动人心的视觉体验。这是提高粉丝忠诚度、提升团队魅力和知名度的绝佳方法,然而,该技术对网络带宽的要求较高,这可能会限制其发展。

图 5.5 Strivr Labs 公司的球队 360° 全景训练视频

5.1.2 三维全景的特点

通过对比三维全景图像与平面图像,可以发现平面图像相对简单,缺乏交互性,并且只能表示小范围内的局部信息。而三维全景图像通过全景播放软件的特殊透视处理,能够给观众带来强烈的立体感和沉浸感,具有良好的交互功能,可以在单张全景中 360° 内显示场景信息。具体来说,三维全景的特点和优势主要体现在以下几个方面。

1. 真实感强

VR全景图能够以720°的角度显示场景、空间和物体，相较于普通的图片，VR全景图更加真实、全面、直观。观众可以无死角观看场景和物体，并且可以自由切换视角。VR全景还具有很强的沉浸感，让人感觉置身于真实场景中。这种现场感和代入感是VR全景的核心优势，是其他展示方式所不具备的。

2. 高效的制作流程

VR全景图的制作过程简单快捷，省去了技术上复杂的建模过程。通过对真实场景的采集、处理和渲染，可以快速生成虚拟场景。与传统的VR技术相比，效率提高了十倍以上，具有制作周期短、制作成本低的特点。

3. 界面友好，交互性强

用户可以拖动鼠标或滑动手机屏幕控制观看的方向和角度，并且可以进行上下、左右、前后漫游，用户可以从任何角度观察场景，互动性强，具有身临其境的感觉。

4. 文件小，可传播性强

三维全景以栅格图片组成，文件小（一般在50KB~2MB之间），具有多种发布形式，可以适合各种需求和形式的显示应用。三维全景呈现时只需要基础设备（如显示器及扬声器等）便可模拟真实场景，其便捷的表达性和众多的生产者是其迅速发展的重要原因。三维全景的特性易于互联网传播，在B/S模式下，用户只需在客户端浏览器中安装HTML、Java、Flash、Active-X等特定的插件即可实现虚拟浏览。

5. 延展性高

720°全景VR的应用前景也相当广泛，在党建宣传、旅游景点、酒店展示、房产全景和汽车三维等都有广泛的应用。这也是我们在未来的制作过程中要探索和努力的方向。2021年，恰逢中国共产党成立一百周年之际，华东交通大学师生借助VR全景技术，结合江西省丰富的红色旅游资源，对南昌、井冈山、瑞金等地的红色展馆进行室内VR创作，如图5.6所示，丰富了红色文化的传播途径和传播方式，助推党建宣传工作迈上新台阶。

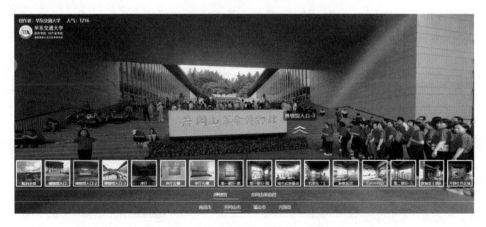

图5.6 井冈山革命博物馆全景图

全景图像
拼接

5.2 全景图像拼接

5.2.1 图像拼接算法

图像拼接是将同一场景的多个重叠图像拼接成较大的图像的一种方法，在医学成像、计算机视觉、卫星数据和军事目标自动识别等领域具有重要意义。图像拼接的输出是两个输入图像的并集。所谓图像拼接就是将两张有共同拍摄区域的图像无缝拼接在一起。可应用于车站的动态检测、商城的人流检测、十字路口的交通检测等，给人以全景图像展示，告别目前的监控墙或视频区域显示的时代，减轻工作人员压力。

当我们使用普通相机拍摄大视野场景图像时，由于相机的分辨率是固定的，场景越大，视野越宽，所拍摄图像的分辨率就越低。而使用全景相机，角度镜等摄影器材不仅价格昂贵，而且会造成严重的图像失真。为了在不降低图像分辨率的情况下获得超宽视角和360°全景图，基于计算机的图像拼接方法被提出并且得到了逐步的发展，目前，图像拼接技术已成为计算机图形学研究的重点，并被广泛应用于探索、遥感、图像处理、医学图像分析、视频压缩与传输、虚拟现实技术和超分辨率重建等重要领域。

图像拼接的目标是将同一场景的一系列重叠图片组合成具有广视角的更大图像，要求拼接后的图像尽可能接近原始图像，尽可能少失真，没有明显的接缝。由于虚拟场景的构建需要图像的真实感，图像拼接技术成为 VR 技术的关键环节，它是虚拟现实领域场景绘制方法的核心技术，直接影响虚拟现实系统的性能。由于 VR 系统中的视频图像采集是由多个摄像头完成的，这些摄像头采集的图像必须通过图像拼接算法拼接在一起，形成 VR 虚拟场景。虚拟场景的构建首先通过一组预先采集到的场景图像序列构建数据模型，然后根据用户观察确定图像数据合成参数，最后通过图像拼接技术适当组合这些场景图像来产生虚拟场景视图。全景视图提供了一种在虚拟场景中交互浏览的感觉，合成全景图像允许用户在场景之间自由切换，并从不同的观察点和方向了解环境。

利用图像拼接技术，可以将采集到的图像进行拼接，生成完整的全景图像，用全景图像来表示真实的动作，可以代替 3D 场景的建模和绘图。采用图像拼接技术进行宽视角拼接，以清晰质量的全景图像代替视频图像，节省数据传输量，降低数据传输速度。此外，图像拼接技术的采用还能大大降低构建虚拟场景的技术复杂性和成本。

图像拼接算法种类繁多，常见的拼接算法有以下几类：基于灰度的图像拼接算法、基于频域的图像拼接算法、基于特征的图像拼接算法、基于接缝的图像拼接算法和基于梯度的图像拼接算法等。

1. 基于灰度的图像拼接算法

基于灰度的图像拼接算法是根据图像与图像间重叠区域的像素值的相似性，寻找最佳的匹配位置，这类方法简单可行。图像拼接可以分为两个步骤：图像匹配和图像融合。

图像匹配常见的有基于面积的匹配，该方法是选定一个窗口作匹配，将前一张图片中的一个区域作为模型，并在最后一张图片中搜索相似的区域，从而计算两张图片的重叠范围。但为了保证这种方法的准确性，窗口必须选得足够大。然而，这往往会导致计算量过大，而且容易受到亮度差异的影响，因此在实际应用中不太现实。

2. 基于频域的图像拼接算法

基于频域的图像拼接算法，是通过二维离散傅里叶变换把空间域信号变换成频域信号，在频域上寻找相位相关的特征点，计算两个图像之间的相对偏移量，从而进行图像拼接。相位相关法利用了互功率谱中的相位信息进行图像配准，由于图像之间的亮度变化对频域的影响很小，所以对亮度变化有一定的抗干扰能力。此外，该方法不需要图像空间搜索，所以算法的时间复杂度为 $O(1)$，完全可以实时实现。

3. 基于特征的图像拼接算法

由于拍摄环境受到噪声的干扰，相机拍摄位置的不同，这些都是造成图像拼接困难的原因。基于特征的图像拼接算法不受光照、旋转的影响，特征相对像素较少，在实现效率方面具有极佳的性能。目前主流的方法有基于特征点的图像拼接。

基于特征点的图像拼接可分为四步：特征点的选取、特征点的匹配、变换矩阵的计算和图像融合。

1）特征点的选取

图像特征点是对客观事物的一系列特征的抽象，选择有效的图像特征可以清楚地区分不同的事物，并在图像中表示重要的信息。常见的特征点有 Harris 角点、SUSAN 角点、Moravec 角点、SIFT 特征点和区域重心等。

其中，角点是指图像中亮度变化很大的点。从各个方向移动窗口，如果灰度发生了较大的变化，那么可以认为这个点为角点。角点通常可以用来表示目标的特征。Moravec 角点检测算法通过在窗口的水平、垂直和对角 8 个方向进行移动，计算原始窗口和滑动窗口的平方和，进而得到灰度的变化。

因此，通过计算可以得到特征点的位置信息，这些信息是在不同的尺度下得到的，因而具有尺度不变性；另外，还可以赋予一些方向信息，使其在旋转时保持不变。

同时，通过计算像素的平均方向来找到主方向。具体的操作是把 360° 平均分为 36 份相等的区域，每个区域 10°，分别计算每个像素的梯度大小，并统计得到直方图。直方图中出现峰值的位置可以定义为主要方向，而高于最高峰值 80% 的其他位置也可以定义为新的特征点。新的特征点具有与旧特征点相同的位置和尺度信息。

通过上述计算，可以得到具有尺度不变性和旋转不变性的特征点，为每个特征点建立一个 SIFT 描述子。将 16×16 的窗口分解为 16 个 4×4 的小窗口，分别计算这些小窗口平均方向。每个小窗口统计 8 个方向的梯度大小，所以总共 16×8=128（个）数，最后对这128 维矢量单位化，就可以得到 SIFT 描述子。SIFT 描述子能很好地区分目标特征，并直接用于匹配。

2）特征点的匹配

前面已经对特征点作了适当的描述，特征点的匹配也非常重要，因为一个高效的匹配算法能够显著提升算法的执行效率。

以欧氏距离为度量，常见的有三种匹配算法：固定阈值、最近邻匹配算法和最近邻距离比值算法。其中，固定阈值算法就是定义一个阈值，当距离在阈值之内时，则表明匹配成功。然而，阈值很难设定，因为它可能会根据实际情况而有所不同。因此，没有计算阈值的通用公式。最近邻匹配算法通过测量不同特征值之间的距离方法进行特征点匹配，计算一个点与其他所有点之间的距离，取出与该点最近的点进行匹配。最近邻距离比值算法是计算一个点的最近邻距离点和次近邻距离点距离的比值，通过查找最小比值进行特征点匹配。

3）变换矩阵的计算

前面已经求解出匹配点，下一步是利用这些匹配点解出两幅图像之间的变换矩阵，为了求解变换矩阵 M，可采用最小二乘法以减少误匹配点对结果的影响，提高计算的精度。

4）图像融合

两幅图像的匹配点确定后，由于两幅图像的亮度、拍摄角度等差异，图像重叠区域的像素值不是相等的。因此，如果只是简单地取像素值的平均值，那么图像衔接的部分会出现明显的“裂痕”。为了避免这种情况，可以将两幅图像从第一幅图像缓慢过渡到第二幅图像。重叠区域的平滑过渡尤为重要，这关系到复原图像的视觉效果。这种图像平滑技术称为图像融合。

融合部分的像素值可以表示为两幅图像重叠部分的像素值乘以一定的权值，则有

$$f = w \cdot (1-w) \cdot f_2$$

式中，w 为图像中像素值所占的比例，$0 \leqslant w \leqslant 1$。

4. 基于接缝、梯度的图像拼接算法

基于接缝的图像拼接算法是一种流行的图像拼接方法。该方法是在源图像之间的差异最小的重叠区域中寻找最佳接缝。因此，复合图像和源图像的标签可以基于最佳接缝创建。当源图像相似时，该算法效果较好。然而，当难以找到最佳接缝时，拼接后的全景图像会存在伪像（畸变、暗角、渐晕、色散、炫光耀斑等）。对源图像提取匹配的特征的算法包括 SIFT、随机样本一致性（RANSAC）等特征提取算法。

基于梯度的图像拼接算法通过评估梯度域中的导数能量成本，进一步提高了图像拼接的质量。由于图像对不同的摄像机增益，该方法可以调整全局照明，以更好地保持亮度一致性。然而，基于梯度的方法主要缺点是计算量大和内存占用大。可以采用类似的光学缝隙法来形成图像拼接接缝，并利用缝合处的导数图像作为梯度，以引导空间域中的原始拼接过程。该策略通过预先计算梯度，提高了许多普通图像拼接算法的拼接质量。图 5.7 显示了基于梯度渐变域中的图像拼接对图像质量的显著改善。

5.2.2　图像拼接技术面临的问题

从图像拼接理念的提出到现在，图像拼接技术取得了长足的进步，国内外的学者们提出并设计了多种多样的图像拼接方法，拼接技术已经日趋完善和成熟。然而，图像拼接技术仍然面临着一些亟待解决的难题。

(a) 最理想的拼接

(b) 渐增融合

(c) 羽化

(d) 基于梯度的理想拼接

(e) 基于梯度的烟气增混合

(f) GIST1

图 5.7 基于梯度渐变域中的图像拼接

1）一致性问题

图像拼接通过将采集的局部图像进行拼接，从而产生一张包含局部图像的全景图像。但由于局部图像是在不同方向分别拍摄的，所以它们的投影平面有一定的角度，如果对局部图像直接拼接，将会破坏实际场景中的视觉一致性。图像拼接的关键是找到两个相邻图像中重叠部分的准确位置，然后确定两个图像之间的转换关系，最后进行拼接和接缝融合。但是由于摄像机等图像拍摄设备容易受到环境和硬件等因素影响，所要拼接的图像往往存在平移、旋转、大小、色差及其组合的形变与扭曲等差别，从而给图像拼接带来了一定的难度。

2）稳定性问题

一般来说，大多数的拼接算法只能用于一个或一类特定的场景，并且缺乏能够响应所有应用场景的图像拼接算法。例如，基于透视变换的全景图像拼接算法只适用于获取图像顺序相对混乱的场景；基于仿射变换的全景图像拼接算法适用于摄像机与拍摄场景之间的距离不是很大，但摄像机焦距比较大的情况，成像效果比较好；当要拼接的图像的边缘特征相对明显时，通常采用基于特征相关性的拼接算法。

3）效率问题

目前，图像拼接算法领域的相关研究重点是提高图像拼接的精度，但对图像拼接效率的研究很少，忽略了图像拼接技术在实际应用中对图像拼接速度的要求。提高图像拼接的精度，可以提高最终生成的全景图像的图像质量，但图像拼接的计算量和时间成本相对较大，图像拼接算法的运行速度没有得到提高。图像拼接算法研究的最终目标是在实际场景

中的应用，因此，既要提高图像拼接的精度，也要注意图像拼接算法的效率问题。

对于图像拼接算法，在处理高质量、高分辨率的图像时，处理速度会大大降低。主要原因是图像特征检测过程中需要检测的特征点数量过大，消耗了大量的运行时间和存储空间。此外，算法执行过程中可能会出现错误的特征点，特征点很难被完全检测出来，如图 5.8 所示。

图 5.8　图像特征点检查及匹配

图像拼接算法通常依赖于图像特征的检测。特征检测的结果对图像拼接的效果有很大的影响。然而，在拼接特征不明显的图像时，往往会出现匹配误差和匹配效果差的情况。例如，在拼接蓝天、海水和草地的图像时，拼接结果通常是不合格的，如图 5.9 所示。

图 5.9　图像拼接效果不理想

最后，图像拼接算法在针对简单灰度图像时具有较好的拼接效果。但对于彩色图像拼接，接缝更明显。如何进一步消除接缝还有待进一步研究。

5.2.3　图像拼接技术前景展望

图像拼接技术是一项非常复杂的系统工作，涉及光学、电子学、应用数学、图像处理等多个方面的基本理论知识和技术。因此，要真正实现准确可靠且快速的图像拼接，未来还有许多工作亟待开展。

图像拼接算法虽然取得了长足的进步，但是仍然存在一些不足之处，不仅要提高拼接的准确度，还需进一步提高图像拼接的效率和实时性，从而让图像拼接技术更好地应用于现实生活中。

现有的图像拼接算法针对含有较高噪声的图像，采集的局部图像有较大的尺寸比例差别、较大的旋转角度及较大的平移，甚至伴随局部图像的畸变，或存在较严重的几何校正残余误差时，拼接结果往往较差。现有算法仅适用于上述差异较小的情况，如何改进现有的图像拼接算法，增强其稳健性，使其在拼接有噪声的图像时能够输出良好的结果，还有待进一步研究。

图像拼接算法在发展过程中，图像拼接的准确度得到了不断提高，但是图像拼接时的计算量也随之提升。在实现图像拼接的基础上，图像拼接时计算量巨大和图像中亮度较高区域的拼接效果欠佳等方面仍有待改进。

研究如何构建平滑、清晰的全景图像拼接技术仍具有重要的实用价值。由于所采用的图像拼接算法的质量决定了图像拼接的质量，因此图像拼接技术未来的研究重点也应该是图像匹配。除了研究如何提高图像拼接的准确度外，还应重点解决图像拼接速度问题，以提高算法的运行效率。一个具有较高图像拼接准确度和较快图像拼接速度的算法，才是人们在实际工作和生活中迫切需要的。

深度学习方法的应用有待验证。深度学习作为一个近年来热门的研究领域，在图像分类、物体识别、人脸识别、图像修复、语音识别和自然语言处理等领域取得了显著的成果。如何利用神经网络的学习能力和待拼接图像之间的抽象连接来完成图像拼接的任务，也是研究者需要关注的方向之一。

5.3　VR全景制作技术

全景制作
技术

5.3.1　常用的拍摄硬件

全景图的效果很大程度上取决于前期素材照片的质量，而素材照片的质量又与所使用的硬件设备密切相关。全景照片的拍摄通常需要的硬件有单反数码相机、三脚架、鱼眼镜头和多镜头式全景摄像机等，其中鱼眼镜头和全景云台较为特殊。

1. 单反数码相机

单反指的是单镜头反光数码相机（Single Lens Reflex，SLR），这也是当今最流行的取景系统，大多数35mm照相机都采用这种取景器。在这种系统中，反光镜和棱镜的独到设计使得摄影者可以从取景器中直接观察到通过镜头的影像。因此，可以准确地看见胶片即将"看见"的相同影像。

单反数码相机有两个主要特点：一是可以更换不同规格的镜头，这是普通数码相机不能比拟的；二是通过摄影镜头取景。大多数相同卡口的传统相机镜头在数码单反相机上同样可以使用。数码单反相机价格相对于普通家用数码相机要贵一些，因此它并不适合任何用户，首先具有必要的专业知识，其次要用好单反数码相机必须搭配不同型号的镜头，这很可能使镜头的花费高于购买数码相机的费用。它更适合专业人士和摄影爱好者使用，喜欢探察微观世界的摄影爱好者、专业摄影师、体育摄影师、新闻记者、商务活动记者、享受手动操作乐趣的单反新玩家、摄影发烧友等是单反数码相机的忠实拥趸。日本佳能推出的 5D Mark Ⅲ 单反数码相机是一款面向专业摄影用户和摄影爱好者的产品。它可以与丰富的全画幅 EF 镜头组合，表现丰富多彩，充分发挥电子光学系统（EOS）的强大优势，如图 5.10 所示，其基本参数见表 5.1。

图 5.10 佳能 5D Mark Ⅲ 单反数码相机

表 5.1 佳能 5D MarkⅢ 基本参数

相 机 类 型	单反数码相机
相机画幅	全画幅相机
总像素	2340 万像素
有效像素	2230 万像素
操作模式	带全手动功能
传感器类型	CMOS 传感器
传感器尺寸	约 36mm×24mm
影像处理系统	自动、手动、添加除尘数据
影像处理系统	DIGIC 5+
最大分辨率	576 像素×3840 像素
对焦系统	61 点对焦系统

2. 三脚架

三脚架是用来稳定相机以达到某些摄影效果的支撑架。无论是业余爱好者还是专业人士，都不能忽视三脚架的作用，其外观如图 5.11 所示。最常见的就是在长曝光中使用三脚架，如果用户想要拍摄夜景或有起伏轨迹的照片，曝光时间需要更长，此时数码相机不能抖动，那么就离不开三脚架。三脚架的选择有很多，其实主要希望三脚架能为一些拍摄情况提供稳定的拍摄状态，不过有很多情况会导致三脚架不稳定，例如本身使用的是重量较轻的三脚架或便携式三脚架，在开启三脚架时出现不平衡或未上钮的情况，又或者在正式使用时过分拉高了中间的轴心杆等，都会使三脚架晃动。

因此三脚架的定位非常重要。三脚架定位需要注意以下几点。

（1）利用三脚架的升降功能，在使用前取出三脚架展开后将摇杆旋转至工作高度（工作高度等于身高减掉 30cm），取下云台的快装板。

（2）螺丝锁在相机的底部。把相机快装板装在云台上，按要拍照的镜头调整工作高度，这时就可以用摇杆来调整高度。

（3）在展开每支脚管时务必把每一支脚管全部打开至最大限度为止，并全部展开三支脚管。因为在操作相机时，如果脚管没有拉到尽头，将板扣固定好，脚管关节部位会很容易出现松动的情况，三支脚管也必须展开到最大限度，固定在地面的面积已足够大，因此三脚架不易移动。

（4）将三脚架的其中一支脚管调到镜头的正下方进行拍摄，另外两只脚管面向拍摄者的方向，这样拍照时才不会碰撞到脚架。

（5）检查固定座，看固定座是否固定完好，若没有固定完好，则必须再次固定。

（6）找出水平线，目的在于使用时方便核对三脚架是否平稳，以保证使用的效果。

3. 鱼眼镜头

鱼眼镜头是一种短焦距超广角的摄影镜头，一般焦距在 6~16mm 之间。一幅 360° × 180° 的全景图通常是由 2 幅或 6 幅照片拼合而成。为了达到最大的摄影视角，这类摄影镜头的前镜头直径较短，且向镜头前方呈抛物线状突出，类似于鱼的眼睛，故名"鱼眼镜头"，如图 5.12 所示。

图 5.11 三脚架

图 5.12 尼康 AF16mm F2.8D 鱼眼镜头

鱼眼镜头的用途是为了在靠近拍摄对象时产生强烈的透视效果，强调靠近拍摄对象的大小对比，使拍摄的画面具有惊人的感染力。鱼眼镜头具有较长的景深，有助于显示照片的长景深效果。用鱼眼镜头拍摄的图像一般变形非常严重，透视汇聚感强烈。因此，将鱼眼镜头直接连接到数码相机上会产生扭曲和夸张的效果。鱼眼镜头视场大，因此被广泛应用于场景监控、卫星定位、机器人导航、微智能系统和工程测量等领域。由于鱼眼透镜可以实现全时间域的全空间包容和实时信息采集，特别是符合现代战争信息采集技术的要求，是其他光电检测方法所无法比拟的，因此鱼眼镜头在国防和军事领域也得到了广泛应用。

4. 多镜头式全景摄像机

多镜头式全景摄像机是通过图像拼接技术将多幅图像拼接成一幅全景图像。图 5.13 所示的多镜头式全景摄像机由 6 个水平角度 60° 的单镜头摄像机组成。例如其中一个摄像机的摄像范围为 $A_1A_2B_1B_2$。可以将 6 个摄像机的图片拼接成一个以 O 为拍摄中心的环状全景图像，每个摄像机的垂直视角限制了

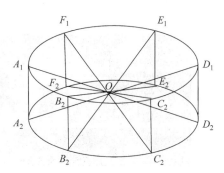

图 5.13 多镜头式全景摄像机原理图

这个环球面的宽度。目前市场上存在多种多镜头式摄像机，我们以 Nokia 和 GoPro 为例进行介绍。这两种全景摄像机的详细参数对比参见表 5.2。

表 5.2　全景摄像机参数对比

品牌型号	Nokia OZO	GoPro Omni
上市时间 / 年	2016	2016
镜头数量 / 个	8	6
单镜头分辨率 / 像素	2560 ◊ 2560	4096 ◊ 4096
话筒	360° 环绕 3D 立体声	配合 Ambeo VR 话筒
机身内存 /GB	500	32

1）Nokia OZ OVR 全景摄像机

Nokia 公司 2016 年上市的 OZO 型 360° VR 摄像机是近年来备受欢迎的一款摄像机，美国前总统奥巴马卸任时就采用了 Nokia OZO VR 摄像机进行直播。如图 5.14 所示，该摄像机外观设计精致小巧，具有很好的便携性能，甚至可以安置在无人机上进行拍摄工作。在机体球面上集成了 8 个摄像头。每个摄像头都能以 2K×2K 像素分辨率进行拍摄，如此布局的特点使之能够完成 360°×180° 的全景拍摄，其 8 个摄像头采用统一的 IP 地址（Internet Protocol Address），用户可按一次快门键控制所有摄像头，并能直接将几个摄像头所录的视频内容自动拼接，输出整合之后的全景视频。除了集成 8 个光学传感器，OZO 还设计 8 颗嵌入式的麦克风，具有 360°×360° 的环绕立体声频，麦克风分别隐藏镶嵌在摄像头附近，从而实现实时记录现场环境的全息音像。OZO 布线简洁，视频输出仅需一根数据线，将全景视频和立体声频全部输出在一个文件中。

OZO 支持快速回放的功能，内置的 500GB 硬盘可存储 45min 的视频，主要用于拍摄 VR 全景影片，为了支持沉浸式的 VR 体验，OZO 还可以直接通过 Oculus 等头戴式 VR 查看录制视频。

2）GoPro Omni VR 全景摄像机

GoPro 在 2016 年推出的全景摄像机 GoPro Omni VR，如图 5.15 所示，被认为是"极限运动专业摄像机"。该设备具有款型小巧、方便携带、固定式和防水防震的特点，可运动拍摄。在全景拍摄中，环境条件可以是冲浪、滑雪、极限自行车以及跳伞等极限运动。

图 5.14　Nokia OZO 全景摄像机

图 5.15　GoPro Omni VR 全景摄像机

摄像机内部集成了6颗该公司的 Hero4 Black 摄像头,分辨率可达到4096像素×2106像素,经过不同的排列组合后,各个镜头之间能达到实现像素级同步的高标准。但是摄像机本身的音频效果并不太好,可配合 Ambeo VR 麦克风,提高音频质量。

5. 全景云台

云台是指连接光学设备底部和固定支架的转向轴。许多摄像机使用的三脚架不提供支持的云台,用户需要自己装备,如果需要拍摄全景照片,则需要使用全景云台,如图 5.16 所示。全景云台主要应用于三维全景展示及虚拟漫游制作的前期拍摄中,另外也可以进行普通照片的高端拍摄应用。

图 5.16　曼比利全景球形云台

全景云台的工作原理是:首先,全景云台具备一个360°的水平转轴,可以安装在三脚架上,并对安装摄像机的支架部分进行水平360°的旋转;其次,全景云台的支架部分可以向前移动摄像机,从而达到适应不同摄像机宽度的完美效果。由于摄像机的宽度直接影响到全景云台节点的位置,如果可以调节摄像机的水平移动位置,那么基本就可以称为全景云台。

全景云台这个硬件非常重要,水平拍摄一周之后,还要拍摄天空和地面,一般云台是没有办法转到90°拍摄天空和地面的。全景云台上有刻度,水平拍摄一圈,可以确保每一张精准角度拍摄水平,比如鼓形图片,水平一周拍摄4张。有刻度就可以精准90°拍摄一张。将拍摄好的图片导入全景拼接软件,即可拼接成全景图。

6. 硬件配置方案

全景图的拍摄一般采用以下两种硬件配置方案。

1)数码相机+鱼眼镜头+三脚架+全景云台

这是一种最常见也是最实用的拍摄方法,该方案采用外加鱼眼镜头的数码相机和云台进行拍摄,拍摄完成后可直接导入计算机中进行处理。这种方法制作成本低,可一次性拍摄大量的素材用于后期选择制作。此外,其制作速度较快,对照片的删除、修改及预览都非常方便,是目前主流的硬件配置方案。

2)三维建模软件营造虚拟场景

这种方法主要应用于那些不能拍摄或无法拍摄的场合,或用于现实世界中还不存在的物体或场景。如房地产开发中尚未建成的小区、虚拟公园、虚拟游戏环境、虚拟产品展示等。为了实现虚拟场景,可以使用 3ds Max 和 Maya 等三维建模软件进行制作,制作完成后再通过相应插件将其导出为全景图片。

5.3.2　VR 全景的软件实现

制作三维全景图片涉及图像的展开和拼接,这个过程需要软件的支持。用来制作三维全景的软件也就称为三维全景软件。最初对图像的展开和拼接是利用 Photoshop 软件来完

成的，甚至有人为此专门开发了相应的插件。随着三维全景的快速发展，专门用于制作三维全景的软件纷纷出现，其界面越来越友好，功能也不断丰富，受到业内外人士的关注。本节介绍了常见的几款三维全景软件及其实现方法。

1. WPanorama

WPanorama 是一个全景图像浏览器，它支持全景图像的浏览，可轻松实现 360° 看图效果，使用者能够方便地控制滚动的速度，并且可以对图片进行编辑，包括添加文字、背景音乐等，还可以导出 AVI、BMP，甚至生成屏幕保护文件，同时支持背景音乐合成功能。

2. PanoramaStudio

PanoramaStudio 是一款专业的图像处理工具，能够让用户便捷地创建 360° 无缝广角全景图，为用户提供自动化拼接、增强和混合图像功能，可以让用户对焦距 / 镜头进行正确观察，并且为用户提供透视图纠正、自动化曝光修正、自动剪切、热点编辑、导出等更多额外功能，让用户可以更加便捷、高效地进行图像处理。

3. ADG Panorama Tools

ADG Panorama Tools 可以从各种各样的图片中创建 360° 的网络全景图，无须插件、HTML 或 Java 编程，可以自动缝合、自动融合、网页自动生成、输出图像过滤和校正全景图的颜色和亮度。

4. Insta360 Stitcher

Insta360 Stitcher 是一款高品质、专业级的全景图制作工具，可与 Adobe Photoshop 无缝对接，广泛用于图像编辑、3D 网页、虚拟旅游和超大尺寸全景图印刷等，是专业摄影师、多媒体艺术家和摄影爱好者的必备利器。它内置优化陀螺仪防抖模块，支持全景声视频的导出、支持在预览时选择内容的初始视角。

5. Ulead COOL 360

Ulead COOL 360 是一款方便快捷的三维全景制作软件，它提供了相当简易的接口以及友好的向导，可以快速地制作美观的全景画。此外，它还提供了高级的照片拼接、变形、对齐和混合工具，确保用户制作出顶尖的作品。通过电子邮件，用户可以将完成的全景画以 .exe 文件的形式传给其他人，也可以将它们保存到网页上，或者将其作为静态图像插入到文档和演示文稿中。

6. 造景师

造景师是国内一款较为领先的三维全景拼合软件，用户仅需花费几分钟即可轻松拼合一幅高质量的 360° 球形或柱形全景图。其主要用于房产楼盘、旅游景点、宾馆酒店和校园风光等场景的三维虚拟漫游效果的网上展示，让观看者无须亲临现场即可获得 360° 身临其境的感受。它同时支持鱼眼照片和普通照片的全景拼合，并且具有全屏模式、批量拼合、自动识别图像信息和全景图像明暗自动融合等功能。

7. 漫游大师

漫游大师是一款三维全景漫游展示制作软件，它可以实现从一个场景走入另一个场景的虚拟漫游效果，并且可以在场景中加入图片、文字、视频、Flash 等多媒体元素，让场景变得更鲜活。漫游大师可以发布 Flash VR、EXE、SWF 格式以及在移动设备上观看的 HTML5 格式。

8. 三维全景图的软件实现

在前期拍摄到的全景照片基础上，我们可以利用前面介绍的几款后期制作软件（如 COOL360、造景师、漫游大师等三维全景制作软件），同样可以设计出柱面全景、球面全景、立方体全景和对象全景等三维全景图，并将 360° 场景发布到网上以供浏览。

1）柱面全景图的软件实现

柱面全景图的制作要求如下。

（1）软件能够快速地将一系列的照片转换成 360° 的全景画或图像。

（2）软件支持图片全景无缝拼接。

（3）软件能够实现图片多种格式输出（BMP、JPG、PNG、TIF 等）。

下面以 Ulead COOL 360 软件为例，列出柱面全景图的制作流程，如图 5.17 所示。

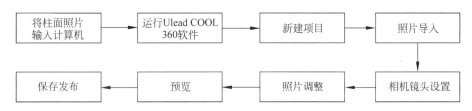

图 5.17　柱面全景图制作流程

2）球面或立方体全景图的软件实现

球面全景图的制作要求如下。

（1）软件对现实场景拍摄的图像能够自动处理。

（2）软件能够生成交互式球形全景。

（3）软件支持全景与立方体全景融合，且两种拼合方式可自由转换。

下面以造景师软件为例，在前期拍摄鱼眼照片的基础上，进行球面或立方体全景图的制作。流程如图 5.18 所示。

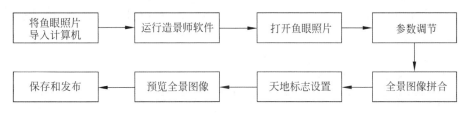

图 5.18　球面全景图制作流程

3）对象全景图的软件实现

对象全景图的制作要求如下。

（1）软件通过对一个现实物体进行拍摄得到的照片进行自动处理。

（2）软件能自动生成 360° 物体展示模型。

（3）软件提供旋转、交互的功能，为用户观看物体提供方便。

下面以造景师软件为例，快速地实现物品三维全景旋转展示。流程如图 5.19 所示。

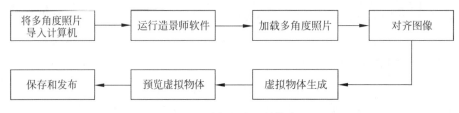

图 5.19　对象全景图制作流程

5.3.3　全景照片的拍摄技巧

在全景图制作过程中，拍摄全景照片是第一步，也是较为重要的环节。前期拍摄照片的质量能够直接影响到全景图的效果，如果前期照片拍摄的效果好，则后期的制作处理就很方便；反之，则后期处理将变得很麻烦，因此全景照片的拍摄过程和技巧需要引起重视。

1. 柱面全景照片的拍摄

柱面全景照片可采用普通数码相机结合三脚架进行拍摄，这样拍摄的照片能够复现原始场景，一般需要拍摄 10~15 张照片。拍摄步骤如下。

（1）将数码相机与三脚架固定，并拧紧螺丝。

（2）将数码相机的各项参数调整至标准状态，对准第一个场景后，按下快门进行拍摄。

（3）拍摄完第一张照片后，保持三脚架位置固定，将数码相机旋转到一个合适的角度，并保证新场景与前一个场景的重叠区域在 15% 左右，且不能改变焦点和光圈，然后迅速按下快门，完成第二张照片的拍摄。

（4）以此类推，绕着一个方向不断拍摄，直到旋转 360° 后，即可得到这个位置点上的所有照片。

2. 球面全景照片的拍摄

球面全景照片的拍摄必须采用专用数码相机配加鱼眼镜头的方式进行拍摄，一般需要拍摄 2~6 张照片，且必须使用三脚架辅助拍摄。球面全景照片拍摄步骤如下。

（1）先将相机和鱼眼镜头固定在一起，然后将全景云台安装在三脚架上，最后将相机固定在云台上。

（2）选择外接镜头。对于数码单反相机一般不需要调节，对于没有鱼眼模式设置的相机则需要在拍摄前进行手动设置。

（3）设置曝光模式。拍摄鱼眼图像不能使用自动模式，可以使用程序自动、光圈优先自动、快门优先自动和手动模式四种模式。

（4）设置图像尺寸和图像质量。建议选择能达到最高一档的图像尺寸，选择 Fine 按钮所代表的图像质量即可。

（5）白平衡调节。普通用户可以选择自动白平衡，高级用户根据需要对白平衡进行详细设置。

（6）光圈与快门调节。一般要把光圈调小，快门时间不能太长，要小于 1/4s。

（7）拍摄一个场景的两幅或者三幅鱼眼图像。先拍摄第一张图像，注意取景和构图，通常把最重要的物体放在场景中央，然后半按快门进行对焦，最后再完全按下快门，完成拍摄。转动云台，拍摄下一张照片。球面全景照片效果如图 5.20 所示。

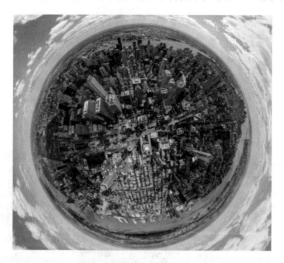

图 5.20　球面全景照片效果

3. 对象全景照片的拍摄

对于对象全景照片，通常使用数码相机结合旋转平台进行拍摄。其拍摄步骤如下。

（1）将被拍摄对象置于旋转平台上，并确保旋转平台水平且被拍摄对象的中心与旋转平台的中心点重合。

（2）将相机固定在三脚架上，使相机中心的高度与被拍摄对象中心点位置高度一致。

（3）在被拍摄对象后面设置背景幕布，一般使被拍摄对象与背景幕布具有明显的颜色反差。

（4）设置灯光，保证灯光有足够的亮度和合适的角度，且不能干扰被拍摄对象本身的色彩，一般设置一个主光源并配备两个辅助光源。

（5）拍摄时，每拍摄一张，就将旋转平台按照同一个方向旋转一个正确的角度（360° / 照片数量），以此类推，重复多次即可完成全部拍摄。

5.4　全景技术应用

全景技术应用

三维全景 VR 具备立体感强、沉浸感佳和交互性好等优势，在诸多领域有广阔的应用，例如以下几个应用领域。

5.4.1　消费娱乐

1. 旅游景点

数字旅游是旅游信息化的一个重要领域，是指旅游活动全过程的数字化、网络化。数

字旅游系统是一个系统工程，输入是各种旅游信息，输出是数字旅游系统所提供的所有服务。

全景漫游技术能够全方位、高清晰地展现景区优美的环境，有效地助力数字旅游系统。通过对旅游景点的虚拟游览，可以为游客制定旅游路线提供参考。通过全景展示，游客可以自由穿梭于各个景点之间，将景区优美的环境尽收眼底，还可以设置音乐和解说，让游客更加身临其境，如图 5.21 所示。

图 5.21　三维全景展示旅游景点

2. 室内展示

在互联网订房已经普及的时代，在网站上展示酒店各种餐饮和住宿设施的全景是吸引顾客的一个好方法。顾客可以远程浏览酒店的外观、大堂、客房、会议室、餐厅等服务场所，展示酒店温馨舒适的环境，吸引顾客，提高客房预订率。饭店的大厅也可以提供客房的全景展示，以便客户可以看到每个房间的真实场景，更方便客户选择和确认房间，从而提高工作效率，如图 5.22 所示。

图 5.22　三维全景展示客房环境

3. 电子商务

商场、家居建材、汽车销售、专卖店和旗舰店等相关产品展示将不再受时间和空间的限制，可以实现销售产品的多角度展示。客户可以在互联网上立体地了解产品的外观、结构和功能，与商家进行实时沟通，拉近买家和商家之间的距离，在提升服务的同时为公司吸引更多的客户。既节约成本，同时也提高效率，如图5.23所示。

图 5.23　汽车销售的三维全景展示

4. 娱乐休闲

美容会所、健身会所、茶艺馆、咖啡馆、酒吧和KTV等场所可借助三维全景推广手段，把环境优势和服务优势全面、直观地传达给顾客，有利于增强自身的竞争优势。

5.4.2　科技研发

1. 军事、航天

传统军事训练中，实弹的消耗、设备的损耗都会造成巨额费用的开支，更有可能带来人员的伤亡。利用虚拟现实（VR）技术所进行的演习，其成本仅仅只有传统实弹演习的数百分之一，且可减少武器的损耗，对于人员而言也可实现零伤亡。图5.24展示了全景VR技术在军事训练中的应用。

图 5.24　三维全景虚拟军事训练

在航天仿真领域中，三维全景漫游技术不仅可以完善和发展该领域的计算机仿真方法，还可以极大地提高设计和实验的真实性、有效性和经济性，并保证实验人员的人身安全。例如，载人航天器座舱仪表的设计布局，原则上应把最重要、使用频率最高的仪表放在仪表板的中心区域，把次重要的仪表放在中心区域以外的地方，这样能减少航天员的眼球转动次数，降低身体负荷，同时也让其精力集中在重要仪表上。但是，哪个仪表被置在哪个精确的位置，相对距离是否合适，只能通过实验来确定。因此利用三维全景漫游软件设计出具有立体感、逼真性高的仪表排列组合方案，再逐个进行实验，使被试者处于其中，仿佛置身于真实的载人航天器座舱仪表板面前，能取得理想客观的实验效果。

2. 医学虚拟仿真

医生及研究人员可以借助三维全景设备及技术实现虚拟环境中对细微事物的观察。例如，美国一个研究小组研发出 CAVE2 虚拟现实系统，用计算机构造大脑及其血液的 3D 视图，将动脉、静脉和微血管拼凑在一起，为患者的大脑创造具有立体感的全大脑图像，如图 5.25 所示。在这个空间内，图像都是无缝显示，使用者可以完全沉浸在由三维数据构成的网络世界中，做一个真正的观察者。

图 5.25　CAVE2 虚拟现实世界

5.4.3　工程项目

1. 虚拟企业展厅

在公司企业招商引资、业务洽谈、人才交流等场合中，采用全景展示能宣传企业公司的环境和规模。如图 5.26 所示，虚拟企业展厅是富媒体的网络互动平台，为参加者提供一个高度互动的 3D 虚拟现实环境，一种足不出户便如同亲临展会现场的全新体验。虚拟企业展厅服务完全基于互联网，参加者不需要安装任何软件甚至插件，仅需要通过单击一个网页链接，便可通过浏览器加入，畅游虚拟环境，观看实时直播的在线研讨会，参观会展展台，观看产品演示和介绍，并和会议方、演讲嘉宾、参展商在线交谈。

图 5.26　虚拟企业展厅

2. 虚拟地产

房产开发销售公司可以利用虚拟全景漫游技术，展示园区环境、楼盘外观、房屋结构布局、室内设计、装修风格和设施设备等。通过 VR 技术可以将未来整个建好的楼盘完整地呈现给客户，可以让客户直观地感受到小区的环境如何，可以感受到小区整个体系，比如安保、物业、绿化和风格等。可以说整个小区的生态都可以通过 VR 镜头带给潜在客户最直观的沉浸式感受，通过未来的蓝图吸引客户的消费。如果房地产产品是分期开发的，可以将已建成的小区做成全景漫游。对于开发商而言，是对已有产品的一种数字化整理归档；对于消费者而言，可以增加信任感，促进后期购买欲望。

3. 虚拟规划

三维全景技术可以把政府开发区规划制作成虚拟导览展示，并发布到网上或做成光盘。对外招商推广时，三维全景投资环境一目了然，说服力强，可信度高。如果在互联网上发布，它将成为一个 24h 在线展示窗口。

5.4.4　文化教育普及

1. 虚拟校园

VR 全景校园是基于 3D 全景和 VR（虚拟现实）技术等高新技术的发展，以虚拟现实场景界面的形式直观表现现实校园的景观及设施，并可上传到互联网提供远程用户访问和虚拟漫游，促进校园建设和教育发展的一种全新的技术概念。图 5.27 展示了虚拟全景校园。

全景漫游技术具有全方位、沉浸性等优点，可以使抽象概念具体化。为了促进招聘和就业，提高学校的知名度，VR 全景校园也成为高校展示教学环境的重要方式。在学校的宣传介绍中，如果借助三维全景的虚拟校园展示，可以让学生随时随地参观优美的校园环境，吸引更多的学生。三维实景漫游系统还可以支持学校的教学活动。例如，学校的教室、实验室等教学场所均可以做成全景作品并发布到互联网上。通过互联网，学生可以提前直观地了解教室和实验室的位置、布局、实验安排、实验要求和注意事项。

图 5.27　虚拟全景校园

2. 历史文化

博物馆的数字化是近年来博物馆发展的重要趋势，将虚拟现实技术应用在数字博物馆的建设中是一个重要的课题，这是将来数字博物馆发展的方向之一，拥有广阔的发展前景。利用虚拟现实技术将博物馆真实、完整地存储到计算机网络中，实现真三维数字存档，供保护、修复、复原和文化交流使用，可令博物馆的收藏珍品突破原有技术条件和保存方式的限制进行传播。图 5.28 展示了使用 VR 参观数字博物馆。

图 5.28　使用 VR 参观数字博物馆

本 章 小 结

本章介绍了 VR 全景技术的基本概述、全景图像拼接相关的算法和现有的一些问题。同时给大家介绍了 VR 全景制作的相关技术，包括如何使用 VR 全景制作过程中常用的软硬件资源以及全景照片的拍摄技巧等。最后，通过对全景技术的应用领域和应用前景的讨论结束本章的学习。

思 考 题

1. 三维全景技术有哪些？
2. 三维全景技术有什么特点？
3. 图像拼接算法的作用是什么？分别有哪些种类？
4. VR 全景制作过程中需要什么硬件？有哪些可用的软件？

第6章

虚拟现实技术的应用领域

随着计算机技术的迅猛发展，虚拟现实技术的应用日趋广泛和深入。基于此，本章将深入浅出地对虚拟现实技术的领域背景和应用情况、未来的发展前景和存在的问题进行介绍，重点阐述虚拟现实技术的应用领域以及相关研究，以期使读者对于虚拟现实有一个相对清晰的认知。

6.1 VR+轨道交通领域

VR 在轨道
交通、道
路交通领
域的应用

6.1.1 领域背景

近年来，中国新的轻轨线路创造了新的纪录，与其快速发展的态势相比，行业内缺乏高素质专家以及人才素质和职位之间存在差异等问题仍然突出。目前，我国城市轨道交通专业人才培养存在一些不足。长期以来，专业人员的培训一直受到培训设备昂贵、设备体积大和设备型号陈旧等问题的限制。虚拟现实技术的出现和发展为城市轨道交通实践教学和培训带来了新的活力。城市轨道交通培训项目与虚拟现实技术的有机结合，有助于构建虚拟现实技术培训平台，为高校和企业培训平台建设提供经验，为城市轨道交通专业实训项目、企业技能鉴定项目的设置提供参考，能够解决当前培训平台在职业培训方面存在的诸多局限性问题，以提高实践教学和培训的质量和效果。

6.1.2 VR 轨道交通应用

虚拟现实技术在人才培养方面的实践目的是提高教学和培训质量，以最佳方式激发参与培训人员的学习积极性，为铁路交通信号专业人才培养提供相关实践内容。在保证实验教学和培训质量的前提下，必须做到理论联系实际，全面提高参与培训人员的实践技能。因此，基于虚拟仿真技术构建轨道交通信号培训平台的基本思路如下。

满足现有人才培养的需求，适当增加实践环节的占比。实践内容的设计应面向社会的基本需求，并考虑不同单位和部门的业务特点、学习基础和参与培训人员的实际需求。

紧密结合理论知识，分析和说明实际项目现场的基本科学问题。假设的场景数据和数学模型必须符合实际情况，满足一个或多个科学问题的教学和实践，通过构建合适的课程资源包，购买和升级实验软硬件，为参与培训人员提供良好的体验和实验条件。

实验教学与培训平台应具有良好的互动性。教学和培训的目的是让实践者在理论知识的基础上提高实践技能。因此，基于虚拟现实技术的实践应该强调交互性和可用性，而不仅仅是停留在演示实验层面。

实验教学和培训平台也应满足一定的科研需求。通过对实际场景的虚拟化和数字化，验证和仿真模拟实际不易实现的科学问题，为专家的科研和实验提供一个良好的平台。

专业人士还可以使用 VR 技术开展各种形式的实践教学和培训活动。例如，进行任务协同 VR 培训。通过这种方式，可以根据 VR 技术按照轨道交通真实工作岗位的分布进行培训。对于地铁和铁路的基层工作，可以设置不同的岗位，如车站、车间和线路等，让专业技术人员进行角色模拟扮演，完成多岗位、多系统和多线路的协同任务。以城市轨道交通应急系统的实践教培为例，根据企业的实际工作案例，基于虚拟现实平台和系统设定的岗位来分配工作任务，培训人员将按照预先设定的脚本参与、扮演角色并完成任务。整个过程中，培训人员的真实体验感更强，因为 VR 技术可以为他们呈现真实的城市轨道交通场景。受训人员应严格按照一线工作的安全要求，在应急体系中担任岗位，执行各项任务，对提高学员的应急处置能力和综合业务素质起到积极作用。

1. 实验教培建设内容

轨道交通信号的目的是在保证运营安全的前提下，提高列车运行效率。因此，轨道交通信号主要分为两个基本部分：基本控制设备原理和列车控制技术方向。基于虚拟现实技术的实验教学与培训平台的开发也应遵循这两个基本部分。

2. 基本控制设备原理

列车控制通过基本控制设备实现。学员必须对信号机、转辙机、计轴设备和轨道电路等基本控制设备的原理和结构有一定的了解，并完成部分设备的拆装。如图 6.1 所示，基于虚拟现实技术的教学训练实验平台应实现轨道交通基础场景的构建，并在此场景下完成基本控制设备的三维建模，使学生能够交互式地完成设备原理、结构分析、基本部件的拆装和工作状态的再现。

3. 列车运行控制技术

列车运行控制技术是轨道交通信号的核心，通过不同控制设备的联动与约束，实现列车在各种行车作业中的运行，从整体上提高列车运行效率。如图 6.2 所示，列车控制系统的核心是各种控制手段之间的限制性通信和数据通信。因此，基于虚拟现实技术的实验教学平台首先应该直观地展现不同列车控制设备之间的关系和联动。其次，还应展示不同监测机制之间数据交换的方式和方向。最后，学员应能够交互控制不同路线的列车运行，并对列车运行进行模拟驾驶。

4. 3D 虚拟场景的搭建与设备建模

为了使虚拟场景更加真实，必须严格按照实际测量数据或设计图样对场景和设备进行

图 6.1 轨道交通基础场景的构建

图 6.2 多件货物装载技术的限建性通信和数据通信

建模。对于可以直接测量的设备，需要使用精密测量仪器获得相应的数据。对于不能直接测量的设备，可与设计单位、设备制造商或相关铁路运营单位以合作开发的方式获取。虚拟场景中任何设备的物理和电气参数及原理都可以通过数学建模来实现，使用的数学模型应符合基本物理原理。建模完成后，进行材质渲染及优化以提高场景的真实性。部分模型可通过贴图方式实现优化以减少平台规模，从而有利于在不同的通信平台上应用，图 6.3 所示为 VR 用于测试交通设备。

图 6.3　VR 用于测试交通设备

5. 沉浸式交互协同的设计

基于 VR 技术的实验教学与培训平台应表现出交互的功能，通过编写虚拟仿真软件的脚本文件，可以实现各部件的动作展现和平台的交互功能设计。可以充分利用数字手套和虚拟头盔等硬件接入设备，真正让学生在平台上互动和操作。实验教学与训练平台还应为学生在互动过程中的每一个操作步骤提供正确的判断和合理的提示，以支持实验的完成。为了提高实验教学和培训的趣味性，使虚拟场景更加生动，可以为虚拟场景设置背景音乐、背景颜色及贴图等。

6. 单一展现式至综合设计式的转化

实验教学平台的建设应避免理论知识单一表达的设计理念。基础理论必须与施工实践紧密结合，再现实际施工案例和应用场景。通过综合设计式的平台设计，学生的自我设计和互动得到加强，让学生掌握行业的技术和发展趋势，这有助于提高学生的社会适应能力和实践技能。

7. 合理的虚实结合实现

虚拟现实的平台还应充分体现"能实不虚、虚实结合"的方针，将虚拟现实与现实紧密结合。将一些在现实中不易获得的设备和控制原理以虚拟的形式直观地表现出来，并以物联网的形式实现虚拟设备与现实设备的连接，进一步提高实验教学和训练的质量与效果，如图 6.4 所示。

8. 线上、线下混合式教培的实现

要达到充分利用教育资源的目的，可以将虚拟现实平台移植到计算机、手机等平台。建立试点培训平台，并对外开放，提高教培资源的利用率与社会贡献度。

图 6.4　虚实结合教学案例

6.2　VR+道路交通领域

6.2.1　领域背景

早在 20 世纪 60 年代，许多工业国家的工程公司或软件公司就开始研究 3D 设计的实现方法。随着计算机软硬件的快速发展，工程三维设计方法日趋成熟。近年来，由日本 FORUM8 公司开发的动态虚拟现实软件 UC-win/Road 以其快速的生产速度逐渐应用于道路设计等领域。

在工程设计领域，利用虚拟现实技术实现可视化工程施工已成为工程技术人员的一个新领域。基于虚拟现实的三维设计方法在发达国家得到了广泛应用，它是一种基于三维数字地板模型的 CAD 技术。三维设计方法可以真正实现项目的优化和多个项目的比较，它对提高工程技术指标和工程质量、降低工程成本、缩短设计周期、提高设计质量具有重要作用。

我国对三维设计方法的研究起步较晚，但经过多年的不懈努力，已经取得了一些研究成果。例如，中交第一公路勘测设计院开发了纬地道路辅助设计系统（Hint CAD）。目前，纬地道路辅助设计系统可以利用线路设计数据和地形图数据建立数据模型，生成路线概略透视图，然后添加地形图模型数据，从路线纵断面透视图渲染 3D，创建 3D 全景透视图和动态全景透视图，并模拟驾驶条件。与国外先进的道路 CAD 软件相比，该系统还存在一些不足。例如，与德国 CARD/1 比较，该系统生成的三维路线模型的位置、视点、观测方向和视线高度等仍有差距。如果要更改视线位置，必须重复相应的设计；生成的三维布线模型是静态的，为了实现动态三维全景动画，需要将相关文件传输到其他设计软件进行三维渲染，这是一项繁重的工作。如果设计方案更改为动态三维全景动画，则需要重新生成路线透视图或道路和地形的三维模型数据，并重新渲染三维动画，即重新启动所有原始三维动画工作；为了实现动态三维全景动画，需要进行模型数据交换，这不仅会影响设计准确度，还会增加错误概率。

与国外先进软件相比，国内其他行业广泛使用的软件，如鸿业市政道路设计软件（HY-SZDL）、海地道路优化设计系统（Hard）仍存在许多不足之处，有待于进一步研究、提高和完善。为此，相关机构需相互理解、配合并开展研发工作，快速提高和发展中国的 3D 设计水平。

虚拟现实的出现无疑为艺术与技术相结合的工程设计创新开辟了新的途径。展望未来，随着科学技术的不断发展，它也将打破工程设计中"平面、立面、剖面、三维模型"的表达方式。设计师可以在设计的任何时间和任何阶段"进入"自己的设计场景空间。从各个角度观察和审视自己的设计，感受空间、尺度、环境光，甚至声音的变化，使设计创作更加完美。

6.2.2　VR 道路交通应用

虚拟现实是一种由计算机和电子技术创造的新世界，它为人们探索宏观世界和微观世界中不便于直接观察事物的运动变化规律提供了极大的便利，能够准确描述仿真对象模型和先进的虚拟现实技术是未来道路交通软件的发展方向。

1. 传统交通运行评估的问题

在交通管理层面，城市道路交通拥堵的原因如下：①高峰时段交通量快速增长，路网运能供给不平衡；②交通事故导致的交通瓶颈；③市政施工导致的交通瓶颈；④特殊社会活动造成的交通集中；⑤部分路段机动车与非机动车比例失衡；⑥运输设施的损坏和故障；⑦交通组织方式不合理等。这些交通拥堵原因的一个共同特点是它们可能导致一定规模的拥堵点。在城市拥堵管理中，必须根据拥堵点的影响及时确定拥堵点，并采取相应的交通控制和疏导措施。然而，由于交通流的波动性，拥堵可能会扩散或蔓延。传统的交通管理只能调控该道路周围原有的交通拥堵，而忽视了交通拥堵在时间和空间上的发展。鉴于这种情况，基于虚拟现实的在线交通运行状态评估，是基于真实场景仿真的环境状态评估，是评估交通拥堵动态发展的有效方法。

2. 基于 VR 的交通运行状态在线评估

由于 VR 技术的交通仿真具有良好的人机界面，在三维环境下进行渲染，可以用于海量数据浏览、街道搜索、数据库处理、图形输出和动画输出等。将详细的道路信息研究与交通运营状态体验相结合，将交通仿真的实际交通运行场景与抽象数据的理论分析相结合，实现在线实时仿真，将很好地为缓堵措施制定者提供立体形象的技术支持。通过基于虚拟现实的在线仿真平台，可以在虚拟现实中直接修改信号灯的工作频率等管控工作，然后进行进一步的仿真，直到交通拥堵情况得到缓解。交通状态在线评估的重点是通过仿真识别整个路网的拥堵点，并不断改进状态预测，而不是使用当前状态。这是一种动态回环的控制模式，其过程如图 6.5 所示。

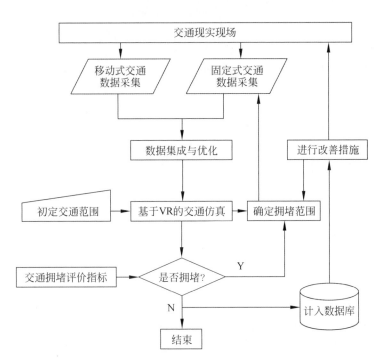

图 6.5　基于 VR 交通仿真回环控制流程图

3. 基于 VR 的道路交通管理平台设计

基于虚拟现实的道路交通管理平台的服务对象可分为普通驾驶员、交通管理者、决策者和交通的研究者。由于他们对管理平台的需求和权限不同，为他们提供的服务也不相同。对于驾驶员提供的是信息帮助服务，对于交通管理者提供的是管控辅助服务，对于决策者提供的是决策信息服务，对于研究者提供的是研究载体的服务，如图 6.6 所示。

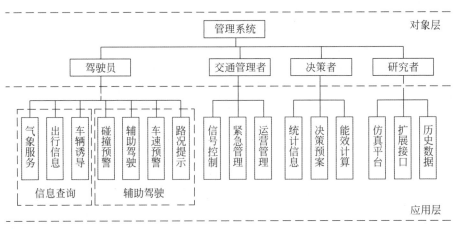

图 6.6　基于 V2I 的道路交通管理服务划分

基于虚拟现实的道路交通管理平台主要由四部分组成：交通信息采集平台、基于 VR 的交通仿真平台、交通管理信息服务平台和交通管理通信网络平台。

交通信息采集平台负责交通信息的采集和处理。收集的信息包括固定式和移动式的动态交通信息、用于 VR 场景建模的静态交通信息以及作为车辆基础设施互联系统（Vehjcle to Infrastructure，V2I）重要组成部分的路侧设施信息。

　　基于 VR 的交通仿真平台是整个平台的核心。它可以进行虚拟现实仿真计算，利用建模软件进行计算机并行计算，然后使用 OpenGVS 提供的大量 API 来完成视景系统的驱动和渲染，再把各数据进行分库存储，依靠信息管理中心进行调用，信息管理中心也担负信息的再处理任务。交通管理信息服务平台主要由交通控制中心和信息共享中心组成，它们负责交通管理者对交通管理的需求和一般用户获取信息的需求，信息服务的方式是多种多样的。交通管理通信网络平台是由特有 DRSC 方式、无线广域网、无线局域网和自组网构成的综合通信平台，如图 6.7 所示。

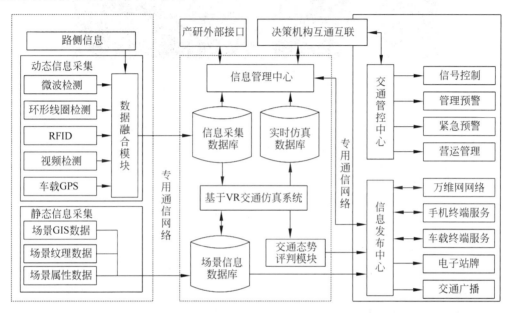

图 6.7　基于 VR 与 V2I 的道路交通管理平台设计

6.3　VR+ 影视娱乐领域

VR 在影视娱乐、军事领域的应用

6.3.1　领域背景

　　数字娱乐的应用是虚拟现实技术最流行的发展方向。从早期的 3D 电影到现代沉浸式游戏，虚拟现实技术已经广泛应用于各个领域。虚拟现实技术以其丰富的感知能力和三维显示世界,已经成为一种理想的视频游戏工具。由于影视娱乐领域对 VR 的真实感要求不高，近年来虚拟现实技术在影视娱乐领域发展迅速。图 6.8 所示为 VR 影院。

　　虚拟现实技术作为一种传递和呈现信息的手段，在未来艺术领域的潜在适用性不容低估。虚拟现实的参与感和互动感可以是静态艺术（如油画、雕塑等)，也可以转化为动态艺术，让观众更好地欣赏作者的思想和艺术。例如，在虚拟博物馆应用中，可以使用网络实现远程访问。此外，VR 还提高了艺术表达能力。例如，虚拟音乐家可以演奏各种乐器，

图 6.8 VR 影院

即使人们远在外地，也可以去客厅的虚拟音乐厅欣赏音乐会。

电影艺术与科学技术密切相关。虚拟现实技术在影视特效制作中的应用，将改变以往影视特效的呈现方式和画面类型，影响影视特效的呈现。虚拟现实技术还可以应用于影视场景设计，设计师使用 3D 技术模型来显示特效场景。电影技术需要与电影场景深度融合，传统的电影设计方法已经不能满足现代电影的审美需求，传统的图像显示技术在虚拟现实场景中的应用，从早期创作到现场拍摄和后期制作都存在一些差异，这也为今后国产电影的制作工艺和方法提供了更多的参考。

将虚拟现实技术应用于影视作品的场景、人物和特效，已成为我国科幻影视特效制作的关键技术。虚拟现实技术在影视特效中的应用融合了大量技术，3D 渲染、3D 映射等场景构建技术正逐步整合成为一种一体化的设计方法。应用虚拟技术会呈现出影视的场景，同时可以大大提高影视作品的拍摄效率，降低拍摄成本，节约拍摄资源，也提高了导演和摄影师对整个场景的控制能力，演员的表演融入虚拟场景中，提高观看效果。

6.3.2　VR 影视娱乐应用

如今，随着科学技术的不断发展，虚拟现实在影视娱乐领域有着巨大的发展潜力。在虚拟现实内容的探索中，影视娱乐无疑成为虚拟现实产业的重要切入点。目前，虚拟现实影视与游戏的融合已经逐步开始。同时，随着虚拟现实技术的不断完善，二者的融合得到了进一步的推动，并在这个过程中逐渐衍生出一种新的艺术表现形式：交互影视艺术。虽然 VR 影视技术在现阶段仍处于发展初期，在短时间内尚不能实现突破性发展，但其在未来发展过程中的前景一定是乐观的。

1. 虚拟现实技术概念与影视作品

摄影师在拍摄和制作电影时使用了很多虚拟现实技术，比如《头号玩家》《星球大战》和《侏罗纪公园》等一系列的科幻片，都采用了很多虚拟现实成像技术，虚拟技术在影视中的应用将推动电影进入一个新的发展阶段。如图 6.9 所示，在影片《头号玩家》中，由于现实社会的破败，人们为了逃避现实生活的压力而沉溺在借助 VR 虚拟技术建构起来的虚拟世界"绿洲"中，人们只要戴上 VR 设备，就可以进入一个有着繁华都市的虚拟世界，形象各异的玩家和经典角色聚集于此，而影片的主要故事情节则集中发生在虚拟空间的"绿洲"之中。影片一经上映便好评如潮，全球累计票房突破 5 亿美元，而斯皮尔伯格更是凭借该影片成为电影史上首位总票房超过 100 亿美元的导演。此后，越来越多的电影人开始将虚拟现实技术运用到电影场景设计中。

图 6.9 《头号玩家》剧照

在科幻电影中，应用 VR 技术会使影视作品在电影上信息画面高于现实，电影制作人会创造一些不真实的场景，并可以设计一些模拟人物，使得虚拟现实电影比传统电影具有更强的艺术表现力，而且虚拟现实技术可以被使用到作品中，也可以与影视的艺术相融合。

2. VR 技术在角色塑造中的应用

虚拟技术与人们的生活场景相结合，这些场景在绘图软件中虚拟地表现出来。创作者可以用软件来表达人们的面部表情，有些动作是演员无法完成的。虚拟技术被许多导演用于各种电影作品的现场制作。例如在拍摄《玩具总动员》时，该电影的演员有一百多个动画角色，许多画面都是通过虚拟现实技术制作出来的，如图 6.10 所示。

图 6.10 《玩具总动员》剧照

虚拟现实技术应用于影视制作中，技术人员使用该技术制作动画场景，在动画制作中，也可以探索虚拟世界中某些角色的表达方式。如图 6.11 所示，在电影《最终幻想：灵魂深处》中，大多数角色都是通过虚拟艺术和数字信息技术创作的，利用数字信息化技术创造人物形象，许多虚拟人物形象可以在一些作品中表现角色的感受。最重要的是，当观众进入故事情节时，由于虚拟现实的特效情景，会给观众带来更好的视听体验，因此演员对观众来说已不是特别重要，数字虚拟形象可以提高观众的信任度，而且会迎合电影情节表现出来，让人们更加关注虚拟人物，这也是目前 VR 技术在电影中的一次技术突破。

图 6.11 《最终幻想：灵魂深处》剧照

3. 虚拟现实技术在影视前期创作中的应用

1）VR 技术在剧本创作中的应用

在写剧本时，应该考虑到 VR 电影的特殊性。除了完整的故事外，还要考虑影片全方位呈现的视觉和交互效果。如故事主线剧情和支线剧情的不同展示角度、小彩蛋的安插，不同方向投入不同力度的环境渲染，观众互动部分的设计等，如图 6.12 所示。

图 6.12 《星球大战》剧照

2）VR 技术在场景布置中的应用

虚拟现实技术广泛应用于电影场景布局中。它打破了场景布局的界限，不再拘泥于拍摄现实中必须存在的场景，使不可能成为可能。用虚拟现实技术构建的场景看起来更真实、更立体，3D 电影所呈现的构建虚拟场景的效果是片面的视觉效果，而 VR 电影所带来的视觉效果是全方位的视觉效果，震撼程度也是一种质的提升。

3）VR 技术在拍摄中的应用

VR 电影通过全景摄像机拍摄，录制所需的真实场景，而虚拟场景则通过虚拟建模完成。当观众观看用虚拟现实技术制作的电影时，他们会有一种以第一人称视角置身于游戏世界的感觉。为了这种独特的观看体验，VR 记录技术也被广泛应用于传统电影中。

4. VR 技术在影视后期处理的应用

在电影后期制作中，虚拟现实技术可以在创建虚拟场景、构建虚拟角色和处理交互机制方面发挥作用。首先，在虚拟场景的创建中的物体分为静止和运动两部分，且这些物体对观众产生影响。有些物体只提供观众的感官感知，而有些物体可以通过观众的动作发生变化，与观众进行互动。其次，在构建虚拟角色时，角色会更加真实。虚拟角色与真人的身体比例相同，行为和动作与真人相似，并能与观众产生联动。电影和电视角色不再只存在于幕布中，观众和虚拟角色站在同一个场景中，观众更像是现实世界中的观众。最后，在互动机制的处理过程中，虚拟现实电影的特效与观众互动，如一触即破的泡泡、伸手就能推开的房门、从高空坠落的物体让观众本能地躲避等。互动机制是虚拟现实技术的最大优势，它将电影中的元素以更有趣的方式呈现给观众。交互手段的不断发展和突破是虚拟现实技术在影视后期处理应用中的重中之重，如图 6.13 所示。

图 6.13 VR 技术应用于影视后期处理

5. VR 技术在影视观影环节的应用

VR 技术依托 VR 眼镜和 VR 耳机向观众展示环绕声播放效果，为影视观看效果提供技术支持。传统的可视化方法是从屏幕的一个方向向外看，虚拟现实技术为人们提供了多种视角的选择。观众可以选择他们最喜欢的观影视角，如第一人称视角或其他预设的视角，并且观众观影的感受也会因视角的选择不同而发生变化。更重要的是，随着虚拟现实技术的加入，使得影视内容不再是对观众单方面的输出，而是由电影和观众共同完成的，电影为观众提供内容和选择，观众做出反应和动作以回应电影。

6.4 VR+军事领域

6.4.1 领域背景

目前虚拟现实在军事上应用得十分成功。传统的实践性军事演习，特别是大规模的实战性军事演习，不仅耗费了大量的资金和军事物资，而且很难在实战演习条件下改变状态来反复进行各种战场形势下的战术和决策研究。虚拟现实系统的应用不仅提高了作战能力和指挥效率，而且大大降低了军费开支，节省了大量的人力物力，同时在安全等方面也可以得到保证。虚拟现实技术在虚拟战场环境下建立了作战仿真系统，在人员培训、武器研制、概念研究等方面具有明显的优势。

6.4.2 VR军事应用

虚拟现实技术已经成为信息领域的另一个研究、开发和应用的热点技术。美国军方早已充分认识到VR技术在军事领域的巨大价值，并将其应用于军事生活的各个方面。尽管虚拟现实技术仍存在一些不足，但其潜力巨大。我国对VR技术的研究起步较晚，应用时间相对较短，但发展迅速，尤其是在商业领域和高校。虽然我国在军事领域有一定的应用，但总体上相对落后。

近年来，随着虚拟现实技术的迅速发展和广泛应用，我国开始认识到虚拟现实技术在军事训练中的巨大优势，并开始重视和投资虚拟现实技术。通过分析虚拟现实技术的应用现状，了解虚拟现实技术在军事领域的最新应用和发展趋势，为我国虚拟现实技术的研究和应用提供参考，推动虚拟现实技术在军事领域中的应用，不断提高军队的现代战争指挥水平，从而提高打赢现代高技术信息战争的能力。

目前，其在军事领域的应用主要体现在以下两个方面。

1. 在武器设备研究与新武器展示方面的应用

（1）在武器设计开发过程中，利用虚拟现实技术进行早期论证，测试设计方案，将先进的设计思想融入武器装备开发的全过程，确保整体质量和效率，实现武器装备投资的最佳选择。

（2）利用虚拟现实技术，开发者和用户可以轻松介入系统建模和仿真测试的全过程，不仅可以加快武器系统的开发周期，还可以充分评估其作战效能和作战合理性，使之更接近实际战争的要求。

（3）虚拟现实技术用于模拟未来高技术战争中武器装备的战场环境、技术性能和使用效率，有利于选择关键武器装备系统，优化其整体质量和战斗力。

（4）很多武器供应商借助于网络，采用VR系统来展示武器的各种性能。

2. 在军事训练方面的应用

1）虚拟战场

利用VR系统生成相应的三维战场图形图像数据库，包括作战背景、战场场景、各种武器装备和战斗机，从而为使用者创建逼真的三维模拟战场，可以改善他们的临场体验，提高训练效率。

2）单兵模拟训练

让士兵穿上数据服，戴上头戴式显示器和数字手套，使用传感器选择不同的战场场景和训练方案，体验不同的作战效果，通过训练提高战术水平、快速反应能力和心理耐力。

3）近战战术训练

近战战术训练系统把在地理上分散的各个单位、战术分队的多个训练模拟器和仿真器连接起来，根据现有武器装备体系和结构，把陆军的近战战术训练系统、空军的合成战术训练系统、防空合成战术训练系统、野战炮兵合成战术训练系统和工程兵合成战术训练系统，通过局域网和广域网连接起来。

4）诸军兵种联合战略战术演习

建立"虚拟战场"，根据虚拟世界的情况和变化，交战双方汇聚在一起进行对抗演习。利用虚拟现实技术，从侦察数据中综合出战场全景图，使被训练的指挥员能够根据探测装置两侧的兵力和战场状态判断敌人的状态，做出正确的决策。

5）航空航天

宇宙飞船及各类航空器是需耗费巨资的现代化工具，且太空中有许多未知的危险因素。对飞机环境进行仿真可以大大降低成本，因此是非常必要的。美国国家航空航天局（National Aeronautics and Space Administration，NASA）是第一个研究和应用虚拟现实的机构。早在20世纪80年代初，NASA开始研究虚拟现实技术，并于1984年开发了一种新的头戴显示器。自20世纪90年代以来，虚拟现实技术的研究和应用范围不断扩大。宇航员们在各种训练课程中使用了虚拟现实系统，并在1993年12月修复了"哈勃太空望远镜"。如果没有虚拟现实系统的帮助，就不可能完成如此艰巨的空间恢复任务。NASA还计划将虚拟现实系统应用于国际空间站的组装培训等工作。

近年来，NASA研究了利用虚拟现实技术来提高宇航员的训练水平和遥控机器人的设计，而近期的研究重点是开发虚拟现实系统，培训宇航员进行地外活动，模拟月球和火星探测，以及将地球遥感卫星的探测数据转换为三维可视图像的VR系统，如图6.14所示。

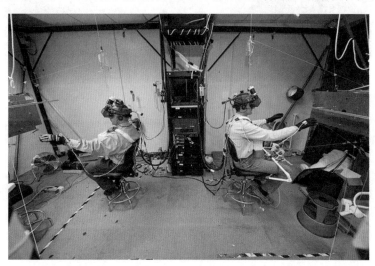

图 6.14　NASA 利用虚拟现实技术训练宇航员

VR在医学、
教育领域
中的应用

6.5　VR+医学领域

6.5.1　领域背景

　　虚拟现实技术与现代医学的飞速发展以及两者间的相互融合使虚拟现实技术开始对生物医学产生重大影响。虚拟现实技术在医学领域的应用还处在初级阶段，主要包括药物分子结构的合成、解剖学和外科手术等各种医学模拟。虚拟现实技术在这一领域的应用主要有两类：一类是虚拟人体的 VR 系统，即数字化人体，数字化的人体模型可以使医生更好地了解人体的结构和功能；另一类是虚拟手术的 VR 系统，该系统可以用来指导手术，如图 6.15 所示。随着虚拟技术的发展，医学与虚拟现实的结合改变了以教师为技术主体的从业者的培养方式。在虚拟的环境中，新手医生可以掌握更多的技术知识，在复杂的疾病情况下，医生可以先在虚拟环境中模拟，降低手术风险，实现了更好的医疗培训、医疗教育和医疗救治。

图 6.15　虚拟手术

6.5.2　VR 医学应用

　　目前，虚拟现实技术在医学领域的应用还存在很多实际问题，相应的技术还不成熟。尽管如此，VR 技术的优越性、便利性已经极大地体现出来，对于原有的治疗方式做了很好的辅助与补充。因此，在可预见的未来，虚拟现实技术将在医学人才的教育和培养、诊断和治疗效率以及药物开发的实际影响方面发挥更大的作用。

　　1. VR 技术应用于医学教学

　　随着社会的发展、科学技术的进步和教学观念的转变，医学教育的形式和手段也在不断变化。无论是以教师为主导还是以学生为中心，现代教育理念提倡的教学体系的核心意义是"学生主动学习和独立思考"。心内科教学改革的主要目标就是实现"教师引导下的学生主动学习和独立思考"。由于心内科教学的复杂性，上述教学改革的目标不易实现。虚拟现实技术用于创建心脏生理活动的虚拟场景，为学生在正常生理或疾病条件下提供直观、生动的研究对象和活动现象。通过设定心脏生理活动的各种虚拟场景，体现教师在教学中的引导作用。

虚拟现实技术之所以能够应用于医学教学，原因就在于其能够建立起模拟现实的环境，帮助医学教师更真实地完成课堂教学，帮助学生体验真实的医学环境。在诊断和咨询的过程中，学生可以体验不同的治疗方法，以获得独特的感受。虚拟现实技术的应用将极大地改善抽象的传统教学模式，使学生获得实际操作的真实感，提高实践经验和能力，不断发现和解决问题，填补课堂学习的空白。在虚拟现实技术构建的手术环境中，学生可以体验手术环境、操作的力度和位置，感受手术现场教学，丰富展示形式。在教学中，学生可以独立深入地思考，想象操作中需要注意的问题，提前采取预防措施，确保操作顺利进行，减少随机因素导致操作失败的风险。在传统的医学设备的使用中，由于设备数量相对较少，购买和维护成本较高，很难满足学生的实际需求。虚拟现实技术解决了这个问题，这种教学方法不仅可以让学生提前体验手术室的场景，而且为以后的手术打下坚实的基础。与此同时，它也打破了事件和空间之间的界限，不再局限于课堂教学，大大提高了教学效率和质量。也正因为如此，虚拟医疗技术已广泛应用于医学教育和医疗机构，图6.16所示为使用VR学习人体骨骼结构。

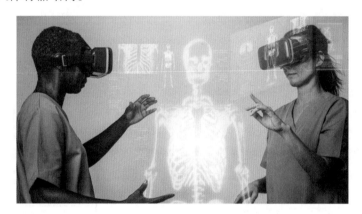

图 6.16 使用 VR 学习人体骨骼结构

2. VR 技术应用于医学诊断

目前，有些医院已开设了远程门诊，患者足不出户就可以得到医院医生的诊断及治疗方案。同时，医患双方可以进行深层次地互动，医生可以更全面、更详细地观察患者的病情，根据呈现的患者身体数据，对患者的病情进行诊断，并提供专业的治疗方案。此外，医生还可以使用VR技术检查患者患病的多维模型，与患者沟通各治疗方案的利弊，以及是否需要手术治疗，帮助患者更好地与医生沟通。值得注意的是，VR技术也可以用于受伤运动员的康复，帮助运动员逐渐康复，最终重返赛场。如在几年前，就曾经有过这方面的对比实验，最终发现VR技术的确能够对关节的生物力学进行优化、发展、完善。由于患者

使用VR设备进入模拟的真实环境,其会专注于环境中发生的事情,因此治疗疼痛大大减轻。也有一些与牙齿治疗相关的治疗实验,通过对不同治疗方法的比较,发现 VR 技术可以更好地转移患者的注意力,减轻患者的疼痛感,缓解治疗中承受的压力,保持血压稳定,如图 6.17 所示。

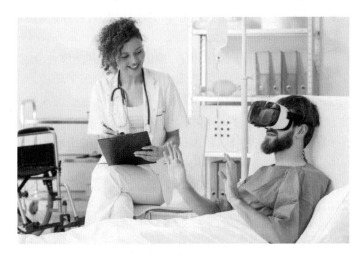

图 6.17　使用 VR 缓解患者压力

以上实验表明,虚拟现实技术可以在医学诊断中发挥很好的辅助作用,而不仅局限于提供远程诊断和治疗方案。当然,VR 技术在医学诊断的应用中仍然存在一系列亟待解决的问题和不足。例如,医务人员缺乏足够的经验和技能;虚拟现实设备的使用给患者带来了各种排斥、心理不适等。随着 VR 技术更深层次的发展,它将越来越受到患者和医生的重视。

3. VR 技术应用于药物研发

虚拟现实技术可以应用于药物研发上,将最小层面的微观反映通过可视化的形式呈现出来,使得操作主体能够更为直观地感受药物的相关反应,进而在研发过程中,根据所呈现的不同类型的化学反应,可以更好地了解药物的疗效和作用机理,避免出现不必要的问题,减少药物引起的过敏反应和其他副作用,提高药物治疗效果,更好地造福患者。

6.6　VR+ 教育领域

6.6.1　领域背景

"VR+ 教育"作为一种以技术为支撑的教育形式,是虚拟现实技术与教育系统内部要素深度融合后形成的一种新的教育范式。VR 技术可以构建沉浸式学习场景和升级版的在线教育,在教育领域得到了广泛应用,使课程资源、教学内容、教学模式、教学关系和组织形式等教育系统要素发生全面变革。未来,集沉浸式、交互式和想象性于一体的"VR+

教育"将对传统的学习环境、教学方法和实践教学产生深远的影响。图 6.18 所示为 VR 在思政课堂中的应用。

图 6.18　VR 在思政课堂中的应用

6.6.2　VR 教育应用

教育系统需要一种引人入胜、身心一体的学习环境，VR 技术正好与之契合，使学生跨越时空接触真实世界，以喜闻乐见的形式开展学习，成为体验时代的门户。"VR+教育"的最终目标是创造一个有助于学生全面掌握知识的学习环境，促进学生身心健康发展。目前，"VR+教育"还处于发展阶段，在政策、制度、标准等层面上的实施和应用还存在诸多障碍。但作为教育现代化的重要组成部分，一方面，它会全方位提升教育效果，打造各类样板式"虚拟课堂"，在创新应用下大大提高教育公平性；另一方面，"VR+教育"的成本虽然在经济投入方面是巨大的，但一旦建立起这一体系，将发挥出大规模综合效力，以提升教学效果。在教育领域，虚拟现实的介入不仅是技术的供给，更是教育治理的供给，这将对教育现代化产生深远的影响。

1. 构建沉浸式学习场景

建构主义学习理论认为，学习是学习者在原有知识经验的基础上产生意义和建构理解的过程。通过意义建构，学习者不断扩展知识的边界。在意义建构的过程中，学习者与知识之间往往缺乏一座顺畅的桥梁，这就给意义建构造成了很大的障碍。就人的本性而言，人总是生活在一个"理想"的世界里，向着"可能"前进。他们希望通过想象、体验、沉浸等主观心理感受，过滤现实生活的单调，进入愉悦的体验空间。知识是高度集中和多重的现实，是纯粹抽象的集合，其意义的建构缺乏一个人自身感官的积极配合。

积极的感官参与通常会带来真正的沉浸式体验。根据认知心理学的观点，人类的认知过程是对外界所感知到的信息进行编码、存储、检索、分析和决定的过程，世界认知的来源是大脑对现实的感觉活动，大脑的认知强度往往取决于各种感官的刺激强度。VR 技术的意义在于增强感觉的强度，从而增强意识。

作为一种沉浸式的多媒体，虚拟现实的本质是通过人机交互实现超真实的视觉、触觉、听觉和嗅觉效果。其技术手段集计算机图形学、人机界面技术、传感器技术和人工智能技

术于一体。关键个在于感受的真实，而在于通过模拟现实来感受完美的超现实幻觉。超现实的概念最初是作为一种媒介概念提出的，其核心是在后现代社会中，媒介塑造了另一种现实，一种完全模拟现实世界但又是虚拟现实的现实。

同为超现实沉浸空间的营造，虚拟现实与媒介的超现实是完全不同的。虚拟现实是一种"超现实"的技术层面的实现，而不是内容层面的实现。"超现实"在教育技术层面的应用已成为教育的重要工具。"兴趣是最好的老师"是最广为人知的教育基本理念，但在现实中却与知识的抽象构成了不可调和的矛盾。在知识学习中，运用虚拟现实技术再次化实为虚，运用超现实的感官刺激，使抽象成为另一种表现形式，这种虚拟体验可以更好地让学生进入沉浸式学习场景，甚至可以进入虚拟空间完成课堂练习和作业，使学生能够深入、全面地加深主观学习体验，如图 6.19 所示。

图 6.19　虚拟现实技术应用于沉浸式课堂

"虚拟世界的审美体验紧密关联着生理的美感，或愉悦或痛苦，或快乐或伤心，或喜忧参半或悲喜交加，虚拟空间或数码幻觉可以在使用者或参与者身体上生成伴有意识和意义的特殊审美感受。"

总体而言，虚拟现实技术的大规模应用不再是一个技术障碍问题，而是一个环境和接受问题。随着"互联网+"在教育行业的深入发展，有必要深入理解虚拟现实技术的应用及其带来的教育变革。

2. 打造沉浸式在线教育

虽然"VR+教育"严格意义上属于在线教育的一部分，但它对传统的网络教育进行了改进，不仅弥补了课堂教育的不足，更是部分取代了课堂教育，对教育系统的颠覆意义不容低估。

互联网技术的引入，使传统教育摆脱了时间和空间的限制，大大拓宽了教育的边界。直接将传统教育移植到线上，会带来很多问题。一方面，网络教育的交互性不可避免地滞后和碎片化，使师在进行网络教学时，一开始就无法注意到学生的反应，教师和学生不能实现有效的双向、即时的互动，不可避免地导致学生注意力的分散，各种外部干扰因素也会影响教育效果；因此，单纯从线下教学转向线上教学，由教师现场授课，很难保证教学质量。另一方面，网络教育在实现即时教学的同时，也存在碎片性、混杂性。如果没有适当的干预，整个教学过程最终会变成一种形式。

综上所述，当前网络教育缺陷的主要根源是教育时空差异造成的系统混沌，这似乎是不可避免的。但是，结合 VR 技术，采用高端 VR 全景摄像机，在条件允许的情况下，还可以佩戴 VR 头显设备，将会充分克服传统线上教育的缺陷，实现在线教育效果的提升。主要体现在以下两个方面。

一方面解决了师生互动问题。VR 具有三维交互的特点，教师和学生都处于预设的三维情境中，这不仅消除了外界的干扰，而且通过游戏的创造激发了学生的学习兴趣。在风险消除的基础上，可以对实践教学的内容进行详细、全面的阐述，为实践操作提供经验和培训等需要展示的内容。与实际操作相比，学生在三维情境下的操作更加安全，具有重复性记忆，甚至对于汉语、数学等基础学科的知识学习也是如此，虚拟现实也可以将部分知识学习转化为三维游戏，有效地提高学生的学习兴趣。

另一方面，解决了时间碎片化问题。VR 头显设备有效地将真实空间和虚拟空间分开，甚至超过封闭校园时的效率，在很大程度上消除了外部干扰。一旦排除干扰，在线教育结合大数据、云计算等方式与真实课堂教学的优势相结合，将为教育的供给提供充满活力的选择。

"VR+ 教育"面临的最大问题是 VR 软硬件设施及其支撑系统投资大、成本高。但随着虚拟现实设备的大规模生产和技术的优化，"VR+ 教育"将成为"互联网 + 教育"发展的新方向。

3. 融入高校思政课堂

借助 VR 技术改进的思政理论课，作为一种新型的学习资源备受社会关注，推动了思政课教学的重大变革。华东交通大学、北京理工大学、天津大学、河南师范大学等高校利用虚拟现实技术开展思政教育，在相关研究中建构了"VR+ 思政"的教学模式，并取得成效。

其中，华东交通大学充分利用江西丰富的红色资源，发挥虚拟现实与交互技术专业优势，创新党史学习教育载体和形式，采用全景摄像机对线下红色展馆进行现场摄制，自主搭建了一个"VR 红色走读"的在线全景展示平台，如图 6.20 所示。该平台综合运用图文、音频、视频等视听元素，以沉浸式、立体式的全新体验，不仅让"红色走读"从"一时一地"变为"随时随地"，更有效激发了参与者的学习热情，让党史学习教育活起来、火起来。河南师范大学依托红色文化资源开展三维仿真实践教学，在思想政治教育中提出了形象、情感、娱乐、普遍友谊、可持续性、艺术性、自然性、社会性、科学性等审美教育因素，创造性地提出了"虚拟现实 + 美育 + 思想政治教育"模式，使虚拟现实课程得以活起来。北京理工大学是我国最早开设美育课的大学之一，也提出了"VR+ 艺术 + 思政教育"的模式。美育本身以人性、主动性、价值感和审美体验为基础，结合虚拟现实技术，无疑是对思想政治教育的一个很好的补充。课堂审美体验最终是为了获得知识和技能。虚拟现实增加了

学习者的感性体验，但不能忽视对这种体验的高认知性。"以情动人"最终目的是"以理服人"，这是"VR+思政教育"的目的，也是"VR+教育"的目的。

图 6.20 "VR+思政教育"

本 章 小 结

　　虚拟现实技术经历大半个世纪发展，从一开始的简单仿真到现在涉及人的感觉、触觉等，在这大半个世纪里，有许多的科学研究者付出了自己毕生的心血。随着科技和社会的不断进步，虚拟现实技术也在向我们展示它未来广阔的前景。作为 21 世纪最有前途的技术之一，它一定会不停地带给我们惊喜。同时也希望我国科学家们能够努力研究，让我国的虚拟现实技术的研究处于世界领先水平。

思 考 题

1. 虚拟现实技术在轨道交通领域的主要作用是什么？有哪些应用？
2. 虚拟现实技术在轨道交通和道路交通应用的区别是什么？
3. 在影视创作中，虚拟现实技术可以在哪些环节中应用？
4. 虚拟现实技术在教育领域有哪些应用场景？

第7章

虚拟现实的社会意义及项目开发建议

VR 作为一门新兴的技术，以其强大的功能和广泛的适用性，已渗透到社会的各个领域，其极具逼真的效果和极具潜力的发展前景正日益显示出其旺盛的生命力。虚拟现实技术不仅具有广泛的实用价值，而且在哲学层面和社会意义层面也具有重要理论价值。作为一种高新科技，虚拟现实技术在拓展人类认识能力中发挥着不可估量的作用。本章将介绍 VR 的哲学内涵和社会意义，并给出一些关于 VR 项目开发的建议。

7.1 虚拟现实技术的哲学内涵及社会意义

虚拟现实技术的哲学内涵及社会意义

7.1.1 虚拟现实技术的哲学思考

作为一种发展迅速的新技术，其普遍性、直观性、多样性以及对人类社会生活的深远影响，使得虚拟现实技术引发了许多值得思考的哲学问题，如本体性、构想性、认识论等，虚拟现实技术在一定程度上冲击着传统哲学。虚拟现实技术以其沉浸式、交互性和概念性的特点为我们提供了一个新的创作和生存的平台，这需要我们重新审视虚拟、现实等哲学范畴的意义，如图 7.1 所示。

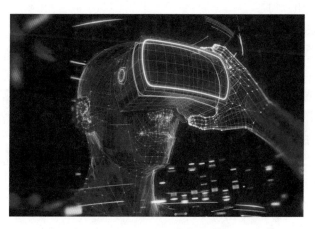

图 7.1 虚拟世界的哲学思考

1. 虚拟世界与现实世界的融合

以元宇宙为代表的虚拟世界是一种数字化的虚拟实在。虚拟实在是一种信息实在、数字实在,是对现实世界的数字重构,本质上是一种可以引发真实感的人工现象。清华大学哲学系蔡曙山教授指出,人类正在进入数字化时代,基于感性认识的人类全部知识都可以数字化。虚拟世界不是科幻,因为这里有很多实实在在的计算机仿真结果,这些计算机模拟的世界无疑推动了科学的发展。然而,虚拟现实并非一门成熟的科学。它更像是许多现有理论的综合,包括复杂系统、人工生命、计算机科学等。现实世界是真实的、物质的且不以人的意志为转移的。而在虚拟世界中进行的活动只是对真实行为模式的模拟,如图 7.2 所示。

图 7.2　虚拟世界与现实世界

虚拟世界与现实世界之间存在一定的联系。首先,虚拟世界是以客观世界为基础的。是利用计算机技术对客观对象进行数字化模拟的产物。其次,虚拟现实的前提是正确认识客观现实的结构、性质和规律。虚拟世界从未独立于现实世界而存在。虚拟世界中的社区、交易和爱情等都是现实世界中个体理想状态的映射。从这个意义上讲,现实世界是第一性的,是本原,而虚拟世界是第二性的,是派生。最后,虚拟现实的终极目标是认识、发现和改造客观现实。总而言之,虚拟世界与现实世界是对立统一的,其中对立方面表现为一种博弈,是两者关系的核心。

2. 关于虚拟实践的认识

所谓虚拟实践,是主体按照一定的目的在虚拟空间使用数字化中介手段进行的双向对象化的感性活动,它是数字化时代人类虚拟活动和实践活动的进一步发展、延伸和升华。

虚拟实践不仅可以提高认知效率,还可以帮助人类探索客观世界规律。虚拟实践以一种新的形式存在并不断拓宽视野,使得这种实践形式处在不断发展变化当中,并以其独特的形式影响着人们的生活方式和世界的发展变化。从某种意义上来说,它将会改变人们的思维方式,甚至会改变人们对世界、对自己、对空间和时间的看法。通过人工设置的虚拟现实环境,可以同时呈现用户的感知能力和操作能力。人们用自己的视觉、触觉和操作来发现事物本身的特征,几乎可以无意识地即可表达结果,而不是通过耗时耗力的严密思考分析事物。

虚拟实践是人类实践方式的一次有意义的变革，极大地拓展了传统实践的边界。它通过计算机系统，将人类社会活动的信息进行数字化处理及合成转换，使主体置于一个新的数字化虚拟世界中。虚拟实践使人们的思维更加开放、充满活力和创造性。

虚拟实践强化了认知的动能作用，促进了感性认识到理性认知能动的飞跃和相互融合，强化了实践对认知的决定性作用。随着网络时代的飞速发展，虚拟实践将使得"秀才不出门，尽知天下事"变为"秀才不出门，能做天下事"，"不入虎穴，焉得虎子"变成"不入虎穴，可得虎子"。

3. 关于虚拟生存

虚拟生存是指人们在虚拟世界中从事的一切生存活动，包括一切工具性的虚拟活动和一切具有价值性、审美性的虚拟行为。

虚拟生存作为一种新的生存方式，对人类的进步具有重大意义。它所呈现的时空观极大地改变了人们的世界图景，改变了传统的交流方式，使人与人之间的交流更加平等和自由。在虚拟生存中，人们之间的社会权力、地位、身份和话语霸权被消除，人人独立平等，摆脱了现实中物与人的种种束缚。

虚拟生存是以现实生存为基础的。没有现实生存，虚拟生存也就失去了存在的根源。虚拟生存是对现实生存的补充和超越。充分发挥虚拟生存的优越性，可以促进人的全面发展，实现人类的平等和自由。

7.1.2 虚拟现实的社会意义

1. 积极方面

虚拟现实系统的出现为人类的发展开辟了广阔天地，也带来了巨大的社会经济效益。虚拟现实技术已广泛应用于社会的各个方面，具有积极而重要的社会影响。

1）提供了认识世界的新方法

虚拟现实技术为研究复杂系统提供了一种新的实验工具——虚拟实践。虚拟实践的形成和发展使数字化和虚拟化成为人们的生存方式和实践方式。人们可以通过虚拟实践的各种操作来分析事物，进一步了解这个世界。一方面，虚拟实践突破了人类活动的时空界限，使人类的认知活动达到了以往难以达到的认知领域和深度。另一方面，通过计算机网络或在虚拟空间中，来自不同地区甚至不同国家的人们可以形成一个在结构、交流方式、距离等方面与以往的认知群体有显著差异的虚拟认知群体。虚拟实践的兴起和发展无疑极大地拓展了人类认知活动的空间，提升了主体的认知能力。

2）促进了生产方式的变革

在工业生产中，有"虚拟制造"和"虚拟设计"之分。虚拟制造是通过虚拟实现实际制造过程，通过虚拟现实技术和计算机仿真技术来模拟产品制造的全过程，图 7.3 展示了虚拟汽车修理。它为设计师和工程师从产品概念的形成、设计到制造的全过程提供了一个三维视觉交互的虚拟环境，使制造技术摆脱了主要依靠经验的局限。虚拟设计是指新产品的虚拟图样设计过程、新产品的虚拟模型实验过程及新产品的虚拟生产过程等。利用虚拟现实技术开发设计各类新产品，不仅可以提高设计水平，还可以大大缩短开发周期，降低开发成本，还可以规避开发实际产品的风险。

图 7.3 虚拟汽车修理

3）促进了生活方式的变革

虚拟现实导致生活方式发生了重大变化，使人们的社交生活越来越虚拟化和数字化。目前，互联网上的各种虚拟现象，如虚拟社区、虚拟论坛、虚拟银行、虚拟学校、网络婚姻等，都代表着人们社会生活的虚拟特征。现实社会中几乎所有的生活形式都可以在虚拟网络社会中找到。这种虚拟化趋势并不意味着虚拟生活方式否定或取代现实生活方式，而是人类越来越依赖虚拟社会，在虚拟社会中花费的时间越来越多，从而形成了人类的虚拟生活方式。这种虚拟生活方式从最初的信息获取逐渐转向社会生活的方方面面，使虚拟成为人类存在的一种方式，即虚拟生存。

2. 消极方面

任何新技术都是一把"双刃剑"，虚拟现实技术也不例外。它在促进社会进步的同时也带来了一些负面影响。

1）主体精神流失

在虚拟现实中，人们可以隐藏社会的真实性，而无须考虑现实世界中的社会伦理和行为约束。在虚拟世界中，人们可以突破一切法律和道德，不受谴责或惩罚，随意扮演和改变社会角色，享受人类释放的绝对自由。这种现象导致主体的精神损失和退化。虚拟现实超时空与拟象的完美结合，会导致自闭症心理。很多青少年沉迷于网络游戏，可能会导致生理机能下降、生物钟紊乱、抑郁易怒等一系列不良身心反应，甚至虚拟世界与现实世界的混淆，导致失衡的角色转换。复旦大学社会学教授胡守钧表示，虚拟世界和现实世界中的行为方式存在巨大的差异，如果仅当作娱乐游戏未尝不可，但是如果将虚拟世界中的人物或者行为方式转移到现实中来，则要加以鉴别，否则一不小心便会对现实生活造成伤害。

2）触发人性极化

虚拟现实中的主体习惯于完全控制虚拟物体，这放大了他们的权力意志，并影响了他们在日常生活中对他人和其他物体的态度。例如，沉迷于网络游戏的青少年往往会养成暴力和拉帮结派的坏习惯。其次，主体的潜意识总是希望虚拟物体是真实的，并假设虚拟现实是具有一定自主性的现实"他者",这往往导致心理抑郁、社交狭隘、对朋友和家人的社会关系冷漠,最终放弃自我。

7.2 学习和使用虚拟现实技术的建议

学习和使用虚拟现实技术的建议

虚拟现实技术在教育教学中的应用是教育发展的需要。它在促进教育形式、教育环境和教学过程的基本要素及其关系发生重大变化的同时,提高了教学效率和学习效果。

为了方便同学们根据项目设计开发进一步了解 VR 技术的效果,从而反向促进 VR 知识的学习,我们基于 VR 技术结合相应领域的背景,探索构建一个相对完整的 VR 设计流程,重点是对设计工具的研究和对工作的流程梳理、优化,最终帮助提高 VR 设计和开发团队的工作效率和产出质量。

1. 任务分解与排序

一个完整的 VR 项目设计和开发流程可分为以下四个部分(见图 7.4)。

(1)建立工作流程,明确各角色在团队中需要关注的内容和分工。

(2)设计工具的使用。

(3)用户研究方法,用户需求管理。

(4)设计原则(设计规范)归纳和建立。

2. 设计与开发流程

1)明确职责分工

(1)建立工作流程:针对 VR 设计各个主要环节的流程及配合方式进行梳理。

(2)梳理工作内容:主要包括流程各部分人员职责、主要产出物和配合方式。

明确 VR 项目设计中各职能的责任范围,产出物。通过实际项目逐步建立起各个产出物的规范模板,将项目流程标准化。

2)设计工具的使用

(1)研究并确定需要使用哪些工具进行设计,并进行试用。

(2)针对主要工具对全员进行培训,掌握工具的基本使用方法。

① 为什么必须掌握 3D 设计工具?

传统的 2D 类设计软件(如 Axure)不能快速、方便地展现 3D 空间类产品的设计思路,在 2D 的限制下做 3D 的东西,流程烦琐、没有办法迭代修改。因此各个设计环节掌握 3D 类主要工具的使用非常必要。

② 如何建立空间思维?

建立空间思维最好的方式莫过于使用 3D 设计软件进行设计,在设计过程中传统 2D 设计师能够很好地将思路拓宽到空间中进行表现。另外针对游戏引擎(Unity)的基本学习、使用,也可以更好地帮助大家学习理解 3D 游戏、VR 产品的设计和实现原理,避免设计师的设计内容无法实现。

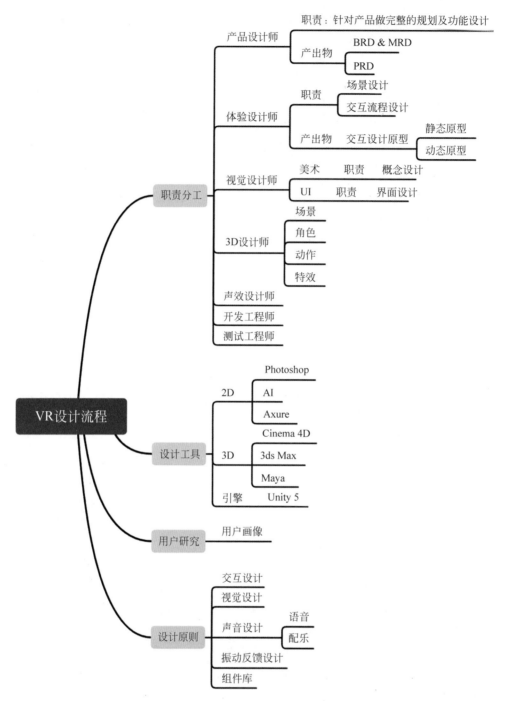

图 7.4　VR 设计与开发流程图

3）研究用户需求

针对 VR 用户的需求建立框架和内容规划，梳理流程和需求模板。

需求的获取和转化是产品设计中的一项重要工作。在用户研究的过程中，我们倾向于弱化需求的提炼和思考，认为研究用户在应用中反馈的需求才是真正的用户需求。但用户研究和需求设计是共通的，实际上是完美协调的。需求池的建立可以更有针对性地了解虚拟现实用户真正需要什么，通过用户画像、故事版等手段获取需求转化入需求池中，并进行需求的整理、沉淀，更有利于后期对产品进行快速准确的设计。

4）设计原则、规范

设计规范框架的制定：建立 VR 设计规范的框架，列举 VR 设计规范所涉及的内容和方向。通常，产品体验最重要的一点是保持规范性和统一性。虚拟现实产品区别于传统互联网产品，设计者关注的不仅仅是视觉画面对使用者造成的影响，另外，声音、触感和空间操控方式都会对 VR 使用者的用户体验造成巨大影响。

现有可查的交互规范有 Google 的 Cardboard 的交互设计规范，仅是针对移动端 VR 设备。因此我们希望在 VR 用户体验的学习和研究中，能够总结和发现哪些原则不错及适合 VR 某一类产品。

初步思考了一下 VR 设计原则、规范大致涉及的方向，如图 7.5 所示。

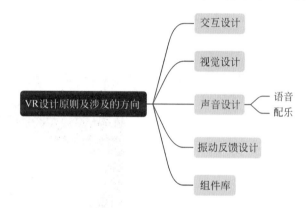

图 7.5　VR 设计原则涉及的方向

后续的任务是对各个方向建立规范和模板，逐渐向其中填充内容，持续进行迭代。建立各规范组件库，对同样的设计内容进行复用。

3. 细化职责分工

下面挑几个主要环节的工作内容进行解释，进一步细化各岗位职责分工。

1）产品设计师

（1）主要任务：功能设计、场景规划（有几个场景）、VR 场景构建（场景平面图）。

（2）交付产物：需求设计说明书、场景规划说明书、场景平面图。

（3）具体内容：

① 功能设计　产品应实现的功能有哪些，功能背后的业务逻辑是什么。

② 场景规划　划分出不同的场景进行罗列，输出场景列表。

③ VR 场景构建　对每个场景需要实现的功能和业务逻辑进行具体描述，绘制出 2D 场景平面图，图中应包含当前场景中的所有对象。图 7.6 所示为手术室场景平面图。

2）交互设计师

（1）主要任务：3D 场景优化设计、交互流程设计，如图 7.7 所示。

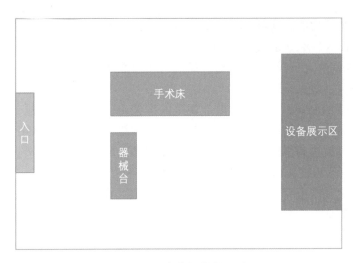

图 7.6 手术室场景平面图

（2）主要工具：C4D、Axure。

（3）具体内容：

① 对 3D 场景进行设计优化、搭建 3D 场景原型（C4D 完成），如图 7.8 所示。

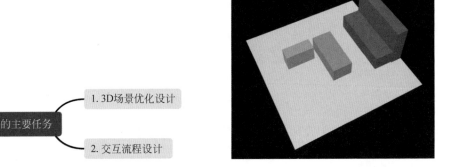

图 7.7 交互设计师的主要任务

图 7.8 场景 3D 原型

② 细化 3D 场景（见图 7.9）。

③ 设计交互设计流程，完成交互设计原型文档，如图 7.10 所示。

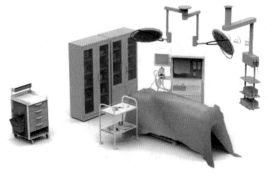

图 7.9 3D 场景细化图

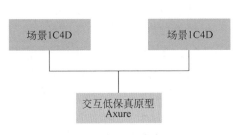

图 7.10 交互设计流程图

④ 分别把各个场景串起来，完成交互原型。

3）界面设计

（1）主要任务：绘制美术场景、角色等概念稿，如图 7.11 所示。

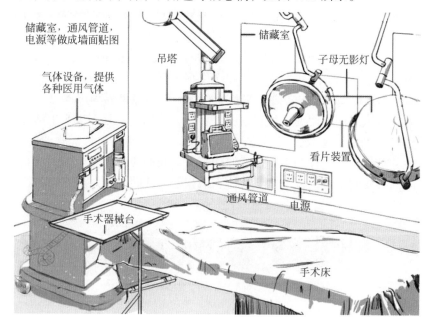

图 7.11　美术场景概念图

（2）具体内容：主要针对 FUI 平面资源进行设计及输出手术虚拟现实场景，如图 7.12 所示。

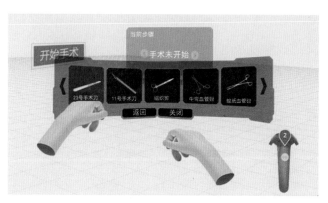

图 7.12　手术虚拟仿真训练

本 章 小 结

VR 技术作为当代科学技术发展的产物，是对客观现实真实事物及其相互关系的数字化建构。虚拟现实作为对"理性具体"的技术展现，对人类的认识过程的诸多方面产生了

重大影响，拓展了人类的认识功能。深刻认识虚拟现实技术的认识论意义，重视并利用虚拟现实技术去认识事物，有助于推动人类认识的进步与发展。

技术永远是为人服务的，是为了满足人的需求，使人们的生活更加美好，享受到生活的快乐。虚拟现实技术也是一样。世界是存在差异性的，包括种族差异、文化差异等，好的设计和艺术满足不同文化背景、不同使用习惯的用户需求。正如《头号玩家》的剧情和人物设计一样，电影中最强五人组的五位成员属于三大不同人种，各自代表不同的文化，但在电影的游戏中，他们都能获得认同感和文化归属感。

《头号玩家》以未来时空的高科技游戏为背景，以虚拟世界为出发点，却在影片结尾回归现实生活，告诫人们即使虚拟世界再美好，也只是幻境，只有现实生活才会让人真正得到温暖。创造者创造了游戏，却不是为了让玩家沉溺其中，而且提醒他们回到现实中，享受现实世界的灿烂阳光。作为 VR 技术的践行者，我们应该大力弘扬人文精神，保持虚拟与现实之间的必要的张力，让主体与客体和谐相处，共同构建人类美好的新未来。

思 考 题

1. 什么是虚拟实践？
2. 虚拟生存是什么？
3. 虚拟现实技术对社会的积极意义是什么？又有哪些消极的方面？
4. 简述 VR 项目设计和开发流程。

参 考 文 献

[1] 徐文鹏，等.计算机图形学基础（OpenGL版）[M].北京：清华大学出版社，2014.

[2] STEVE CUNNINGHAM.计算机图形学 [M].石教英，潘志庚，译.北京：机械工业出版社，2010.

[3] 孙家广，胡事民.计算机图形学基础教程 [M].北京：清华大学出版社，2009.

[4] DIETER SCHMALSTIEG, TOBIAS HÖLLERER.增强现实：原理与实践 [M].刘越，译.北京：机械工业出版社，2019.

[5] 娄岩，虚拟现实与增强现实技术概论 [M].北京：清华大学出版社，2016.

[6] 石大明，等.虚拟现实——从零基础到超现实 [M].北京：高等教育出版社，2019.

[7] 黄欣荣，曹贤平.元宇宙的技术本质与哲学意义 [J/OL].新疆师范大学学报（哲学社会科学版）：1-8[2022-01-28].

[8] 闫佳琦，等.元宇宙产业发展及其对传媒行业影响分析 [J].新闻与写作，2022(1):68-78.

[9] 聂蓉梅，等.数字孪生技术综述分析与发展展望 [J].宇航总体技术，022, 6(1):1-6.

[10] 汪寅.虚拟现实技术的哲学意蕴及其社会影响 [D].南宁：广西大学，2004.

[11] 钱文君.5G时代下，虚拟现实技术在VR游戏中的应用发展 [J].新闻传播，2021(14):28-29.

[12] 朱亚娟."VR+智慧型党建阵地"模式构建研究 [J].行政科学论坛，2019(12):52-56.

[13] 兰岳云，梁帅.VR+教育及其教育的变革 [J].浙江社会科学，2021(5):144-147, 143, 160.

[14] DONALD HEARN, M.PAULINE BAKERY, WARREN R.CARITHERS.计算机图形学 [M].蔡士杰 杨若瑜，译.4版.北京：电子工业出版社，2014.

[15] 邵伟，李晔.Unity VR虚拟现实完全自学教程 [M].北京：电子工业出版社，2019.

[16] 马遥，沈琰.Unity 3D脚本编程与游戏开发 [M].北京：人民邮电出版社，2021.

[17] 余诗曼，等.虚拟现实技术的应用现状及发展研究 [J].大众标准化，2021(21):35-37.

[18] 滕厚雷，文芳.分布式虚拟现实技术及其教育应用研究 [J].攀枝花学院学报，2012, 29(4):126-128.

[19] 李强，等.基于分布式虚拟现实技术的共享性城市设计研究 [C]// 共享·协同——2019全国建筑院系建筑数字技术教学与研究学术研讨会论文集，2019:442-447.

[20] 杨青，钟书华.国外"虚拟现实技术发展及演化趋势"研究综述 [J].自然辩证法通讯，2021, 43(3):97-106.

[21] 王天威.虚拟现实系统的开发及其应用 [D].上海：华东理工大学，2011.

[22] 石敏，申小留.虚拟现实技术社会影响的哲学思考 [J].华北电力大学学报（社会科学版），2009(1):98-101.

[23] 刘茂洁.浅析三维动画与虚拟现实技术 [J].卫星电视与宽带多媒体，2019(22):118-119.

[24] 王峥，陈童.虚拟现实的概念及其技术系统构成 [J].现代传播（中国传媒大学学报），2007(4):19-21.

[25] 陈文佳，等.虚拟现实技术在心内科教学中的应用与展望 [J].中国继续医学教育，2021, 13(32):90-93.

[26] 应启敏.基于产教融合模式的翻转课堂实践研究——以虚拟现实应用技术专业为例 [J].科技视界，2021(33):154-156.

[27] 卢臻.5G+VR开创直播新模式 视频传媒产业变革加速 [N].通信信息报，2021-12-22(006).

[28] 陈笑浪，等.基于虚拟现实技术的教育美学实践变革——新情境教学模式创建 [J].西南大学学报（社会科学版），2022, 48(1):171-180.

[29] 王秋，杨丽.虚拟现实技术在影视创作中的应用研究 [J].美与时代（上），2021(3):96-98.

[30] 余苗，李遇见.VR纪录片叙事策略研究 [J].中国电视，2021(11):91-95.

虚拟现实导论

[31] 蓝雪铭 . 虚拟现实技术在影视特效中的应用探析 [J]. 中国新通信，2021，23(19):106-107.

[32] 郝再军 . 混合现实环境中精确抓握的视触觉感知运动融合研究 [D]. 济南：山东大学，2021.

[33] 丛丛，等 . 城市轨道交通行车作业虚拟仿真实训系统的设计与应用 [J]. 城市轨道交通研究，2020，23(8):44-49.

[34] 廖爱华，等 . 虚拟现实技术在《城市轨道交通车辆认识实习》中的应用分析 [J]. 产业与科技论坛，2021，20(13): 135-136.

[35] 孔德龙，等 . 虚拟现实技术在轨道交通信号实验教学中的应用研究 [J]. 科技资讯，2019，17(28): 70-71.

[36] 林涌波 . 教育信息化 2.0 时代的人工智能虚拟现实技术融合教学应用实践研究 [J]. 无线互联科技，2021，18(14):118-120.

[37] 刘德建，等 . 虚拟现实技术教育应用的潜力、进展与挑战 [J]. 开放教育研究，2016，22(4): 25-31.

[38] 辜浩杨 . 虚拟现实技术的研究现状及未来展望 [J]. 通讯世界，2018(7): 126-127.

[39] 刘雁飞 . 虚拟现实技术在医学领域的运用与展望 [J]. 电子技术与软件工程，2018(15): 116.

[40] 刘泽华 . 基于力反馈设备的沉浸式交互技术研究 [D]. 杭州：杭州电子科技大学，2020.

[41] 郝德宏 . 基于增强现实的截肢康复训练系统设计 [D]. 上海：上海交通大学，2019.

[42] 朱海东，等 .VR 技术在发展规划中的应用与展望 [J]. 佛山科学技术学院学报（自然科学版），2018，36(5): 54-57.

[43] 张雨馨，郁小芳 .VR 现有技术及其未来发展趋势分析 [J]. 产业与科技论坛，2020，19(7): 63-64.

[44] 张嘉茹，等 . 全景漫游技术应用研究 [J]. 财富时代，2020(4): 42.

[45] 秦国防 . 基于虚拟现实的数字三维全景技术的研究与实现 [D]. 成都：电子科技大学，2011.

[46] 钱芬 . 虚拟现实技术在数字化校园中的应用研究 [D]. 成都：电子科技大学，2008.

[47] 韩志俊，等 . 全景技术在医学免疫学实验准备过程中的应用探索 [J]. 现代医药卫生，2021，37(16): 2840-2842.

[48] 张杰，李淼 . 浅析虚拟现实全景技术 [J]. 报刊荟萃，2018(8): 128.

[49] 程琼，陈晴 . 全景漫游技术的特点及应用 [J]. 电子技术与软件工程，2020(15): 151-152.

[50] 朱格瑾 . 增强现实的哲学审视 [D]. 哈尔滨：黑龙江大学，2021.

[51] 余雪纯 . 增强现实在数字时尚中的应用研究 [D]. 南京：南京艺术学院，2021.

[52] 史晓刚，等 . 增强现实显示技术综述 [J]. 中国光学，2021，14(5): 1146-1161.

[53] 陈浩磊，邹湘军，陈燕 . 虚拟现实技术的最新发展与展望 [J]. 中国科技论文在线，2011，6(1): 1-5, 14.

[54] 骆书阳 .VR 技术的军事化运用浅探 [J]. 电脑知识与技术，2016，12(20): 229-231.

[55] 孙源，陈靖 . 智能手机的移动增强现实技术研究 [J]. 计算机科学，2012，39(S1):493-498.

[56] 寇迦南 . 移动增强现实技术研究与实现 [D]. 西安：西北大学，2017.

[57] 冯强 . 虚拟场景三维显示实现平台研究 [D]. 北京：北京邮电大学，2015.

[58] 蔡辉跃 . 虚拟场景的立体显示技术研究 [D]. 南京：南京邮电大学，2013.

[59] 王聪 . 增强现实与虚拟现实技术的区别和联系 [J]. 信息技术与标准化，2013(5): 57-61.

[60] 张璐 . 基于虚拟现实技术的用户界面设计与研究 [D]. 上海：东华大学，2013.

[61] 夏萍 . 基于虚拟现实技术的复杂城市道路交通仿真平台研究 [D]. 武汉：湖北工业大学，2011.

[62] 梁静，洪桔，张蕊 . 虚拟现实技术在我国道路交通发展中的应用与展望 [J]. 土木建筑工程信息技术，2009，1(1): 113-118.

[63] 张金斌 .VR 技术在轨道交通工程安全教育中的应用 [J]. 山东交通科技，2017(2): 108-112.

[64] 李洋 . 虚拟现实技术在城市旅游文化宣传展示中的应用——以南昌万寿宫为例 [J]. 美与时代（城市版），2020(2): 96-97.

[65] 赖俊文 . 虚拟现实技术在旅游教学中的应用研究 [J]. 电脑知识与技术，2018，14(28): 139-141.

[66] 肖雷 . 基于虚拟现实的触觉交互系统稳定性研究 [D]. 南昌：南昌大学，2015.